钻石分级与检验实用教程

廖任庆　郭杰　刘志强◎编　著

上海人民美术出版社

图书在版编目 (CIP) 数据

钻石分级检验实用教程 / 廖任庆，郭杰编 . ——
上海：上海人民美术出版社，2017.9（2020.1重印）
ISBN 978-7-5586-0412-6

Ⅰ . ①钻… Ⅱ . ①廖… ②郭… Ⅲ . ①钻石－分级
Ⅳ . ① TS933.21

中国版本图书馆 CIP 数据核字 (2017) 第 140981 号

钻石分级与检验实用教程

编　　著　廖任庆　郭　杰　刘志强

策　　划　张旻蕾

责任编辑　张旻蕾

装帧设计　于　归

技术编辑　季　卫

图片调色　徐才平

出版发行　上海人民美术出版社

社　　址　上海长乐路 672 弄 33 号

印　　刷　安徽新华印刷股份有限公司

开　　本　889×1194　1/16

印　　张　10.5

版　　次　2017 年 9 月第 1 版

印　　次　2020 年 1 月第 2 次

书　　号　ISBN 978-7-5586-0412-6

定　　价　68.00 元

序　言

　　钻石源自远古,孕育于地球深部。自然界中,绝大多数具有经济价值的钻石孕育在距地表以下140～200公里处,即形成于上地幔特定的地质环境中,随后被寄主金伯利岩浆或钾镁煌斑岩浆快速携带到近地表或地表。

　　每当提及钻石,人们会自然联想到南非。然而,最先发现钻石的地方并不是南非,而是公元前四世纪的印度恒河流域。迄今,世界上共有三十多个国家拥有钻石资源,主要分布在非洲(南非、纳米比亚、博茨瓦纳、扎伊尔、安哥拉、津巴布韦等地)、俄罗斯、澳大利亚和加拿大等地,我国辽宁瓦房店和山东蒙阴地区及湖南沅江流域亦有少量产出。

　　20世纪中期,由美国宝石学院(GIA)首创钻石品质评价体系,亦从颜色(color)、净度(clarity)、切工(cut)及质量(carat)四个方面对钻石的品质进行等级划分,简称钻石4C分级。该体系随钻石市场交易的需求应运而生,并面向全球业内逐步推广钻石4C分级标准。随后,国际珠宝联盟(CIBJO)、比利时钻石高层议会(HRD)、国际钻石委员会(IDC)等机构先后制订了不同版本的钻石分级标准。1996年由国家珠宝玉石质量监督检验中心制订钻石分级国家标准(GB/T16554-1996),于1997年5月1日正式颁布实施。进入21世纪后,由国内外各研究机构制定的钻石4C分级标准趋于统一,其品质评价内容更加合理和完善。

　　《钻石分级与检验实用教程》汇集作者多年的钻石教学、科研、鉴定等工作经验,并广泛参阅国内外各钻石分级标准,吸取国内已出版同类教材的精华,结合最新钻石研究成果和市场信息编著而成。该教材系统论述了钻石的基础理论知识,钻石4C分级的基本概念,钻石4C分级的基本技法,钻石与仿钻的鉴定方法等专业知识,其最大特点是理论知识的系统性和操作方法的实用性。

　　全书层次分明,概念清晰,内容充实,图文并茂,既可作为大专院校宝石学专业的相应教材,也可作为钻石加工、鉴定、分级、商贸等从业人员的专业参考书和工具书。

亓利剑　2017年7月于同济大学

目录

附　录

参考文献

后　记

第一章

钻石真伪鉴别

第一节　钻石真伪鉴别仪器操作使用

一、常规钻石真伪检测仪器

1. 10× 放大镜与宝石镊子

宝玉石检测所使用的放大镜，通常是10倍放大率，倍率经常用"×"来表示。10× 放大镜（图1）通常为三组合镜，由一对无铅玻璃做成的凸透镜和两个由铅玻璃制成的凹凸透镜粘合而成。10× 放大镜不仅视域较宽，而且消除了图像畸变（球面像差）和彩色边缘现象（色像差）。

宝石镊子（图2）是一种具尖头的夹持宝石的工具，内侧呈磨砂状、凹槽状或"#"纹型以夹紧和固定宝石。使用镊子时应用拇指和食指控制镊子的开合，用力须适当，过松夹不住，过紧会使宝石"蹦"出。

2. 折射仪

折射率是宝石最稳定的性质之一。利用折射仪可以测定宝石的折射率值、双折射率值、光性特征等性质，为宝石鉴定提供关键性证据。

宝石折射仪（图3、图4）是根据折射定律和全反射原理制造的。使用折射仪可以对抛光成刻面型或弧面型的宝石折射率进行测试，测试范围因所用折射仪棱镜和接触液而异，通常情况下是1.400-1.790。

根据宝石琢形的不同，测试宝石折射率有两种不同方法，即刻面型宝石用近视法和弧面型宝石用远视法。钻石仿制品多为刻面型宝石，故常用近视法，也称刻面法。使用折射仪时接触液要适量，由于接触液密度很大，若点得过多，密度较小的宝石会漂浮；若点得过少，则不能使宝石与棱镜产生良好的光学接触。

图 1　10× 放大镜

图 3　折射仪

图 2　宝石镊子

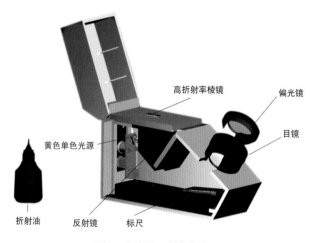

高折射率棱镜　　偏光镜

黄色单色光源　　目镜

折射油　反射镜　标尺

图 4　折射仪及结构名称

3. 偏光镜

偏光镜主要用于检测宝石的光性，还可进一步判断宝石的轴性、光性符号（图5）。偏光镜一般由上、下偏光片和光源组成（图6）。此外还可配有玻璃载物台、干涉球或凸透镜。偏光镜在设计时通常是下偏光片固定，上偏光片可以转动，从而可以调整上偏光的方向。为了保护下偏光片，其上有一可旋转的玻璃载物台。干涉球或凸透镜可用来观察宝石的干涉图。

当自然光通过下偏光片时，即产生平面偏光，若上偏光片与下偏光片方向平行，来自下偏光片的偏振光全部通过，则视域亮度最大；若上偏光片与下偏光片方向垂直，来自下偏光片的偏振光全部被阻挡，此时视域最暗，即产生了所谓的消光。

4. 紫外荧光灯

紫外荧光灯是一种辅助性鉴定仪器（图7、图8），主要用来观察宝石的发光性（荧光、磷光）。灯管能发射出一定波长范围的紫外光波，一般采用长波（LW）365nm和短波（SW）253.7nm两种波长灯管发出的紫外光作为激发光源。荧光的强弱常分为无、弱、中、强四个等级，一般宝石在长波下的荧光强度大于短波下的荧光强度。

图5 偏光镜

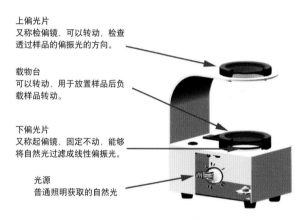

图6 偏光镜及结构名称

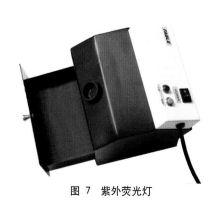

图7 紫外荧光灯

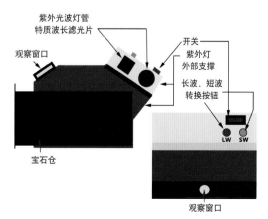

图8 紫外荧光灯结构示意图

5. 电子天平

电子天平是一种称量宝石重量的设备（图9），在宝石鉴定中不仅可用于宝石的称重，而且还可用于测算宝石的相对密度。对于宝石质量（重量）的称量，国家标准要求天平精确到万分之一克。宝石的质量（重量）与密度是鉴定及评价宝石的一个重要的依据，因此正确地使用天平是一项重要的技能。

保证称重的准确性，必须做到以下三点：保持天平水平；使用前应校准并调至零位；称重时保证环境的相对静止，如防止天平台的震动、空气的对流等。

6. 热导仪

热导仪是一种测量宝石材料的导热性高低的仪器（图10）。可以用于快速区分钻石及大部分仿制品，用途较为单一。用热导仪进行测试时能够出现钻石反应的宝石材料有：钻石（天然钻石、合成钻石、处理钻石）、金属（金、银、铂、钯等）、合成碳化硅、大块刚玉。

7. 合成碳化硅检测仪

尽管热导仪无法区分钻石和合成碳化硅，但无色——浅黄色系列钻石不吸收紫外光，而合成碳化硅对紫外光有强烈的吸收的性质，美国C3公司利用两者紫外光的吸收差异研制出了合成碳化硅检测仪（图11），可用于快速辨别钻石和合成碳化硅，但必须用热导仪测试之后使用。

8. 游标卡尺

游标卡尺（图12），是一种测量长度、内外径、深度的量具，分机械式与电子数字式两种。钻石测量采用的传统机械式游标卡尺，精确度为0.02mm（图13）。测量得到数据可用于部分钻石切工比率值计算与钻石克拉重量的估算。

图 9　电子天平

图 10　热导仪

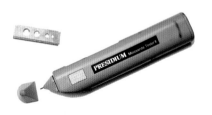

图 11　合成碳化硅检测仪

图 12　游标卡尺

9. 比重液

比重液是一种油质液体，根据宝石在已知密度的比重液（浸油）中的运动状态（下沉、悬浮或上浮），即可判断出宝石的密度范围，这种测定方法快速简单。

在比重液中漂浮：宝石的相对密度＜比重液 SG；

在比重液中悬浮：宝石的相对密度＝比重液 SG；

在比重液中下沉：宝石的相对密度＞比重液 SG。

比重液要求挥发性尽可能小，透明度好，化学性质稳定，黏度适宜，尽可能无毒无臭，因此宝石学中常用的比重液种类并不多。宝石鉴定常用相对密度为 2.65、2.89、3.05、3.32 的一组比重液（图 14），由二碘甲烷、三溴甲烷和 α-溴代萘配制而成，具体见表 1。

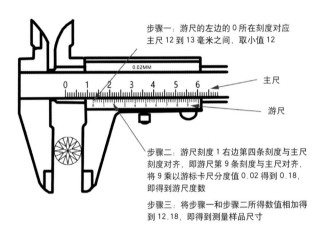

步骤一：游尺的左边的 0 所在刻度对应主尺 12 到 13 毫米之间，取小值 12

0.02MM

主尺

游尺

步骤二：游尺刻度 1 右边第四条刻度与主尺刻度对齐，即游尺第 9 条刻度与主尺对齐，将 9 乘以游标卡尺分度值 0.02 得到 0.18，即得到游尺度数

步骤三：将步骤一和步骤二所得数值相加得到 12.18，即得到测量样品尺寸

图 13 游标卡尺使用示意图

2.65	2.89	3.05	3.32
α-溴代萘+三溴甲烷	三溴甲烷	三溴甲烷+二碘甲烷	二碘甲烷
水晶	绿柱石	粉红色碧玺	无色透明翡翠

图 14 比重液

表 1 常见比重液种类及密度

比重液种类	比重液密度	密度指示物
α-溴代萘+三溴甲烷	2.65	水晶
三溴甲烷	2.89	绿柱石
三溴甲烷+二碘甲烷	3.05	粉红色碧玺
二碘甲烷	3.32	无色透明翡翠

二、大型钻石真伪检测仪器

1. Diamond Sure（钻石确认仪）

钻石确认仪（Diamond Sure）（图 15）是一种由戴比尔斯公司研发专门检测钻石与合成及处理钻石的仪器，其工作原理是依据大多数天然无色钻石具有415.5nm 吸收线，而合成钻石、HPHT 处理的无色钻石绝大部分不属于 Ia 型钻石或仿钻，缺失 415.5nm 的吸收线，因此 Diamond Sure 能快速地识别分出 Ia 型的天然钻石，且准确度很高。

该仪器可以鉴别黄色合成钻石与天然黄色钻石。钻石确认仪并不能确定宝石或仿钻品种，也不能区分钻石与处理钻石，如裂缝填充、辐照或高温高压处理等。

2. Diamond View（钻石发光性观测仪）

Diamond View 是 Diamond Sure 检测仪器完美的补充（图 16）。用 Diamond Sure 检测有疑问的钻石，可用 Diamond View 进一步的检测和确认。使用时将已抛光的钻石样品置于样品仓内，拍摄并记录钻石在波长小于 225nm 的超短波紫外光下所产生荧光颜色、荧光分布区域图案及磷光现象。借此可区分天然钻石、高温高压（HPHT）与化学气相沉积（CVD）合成钻石。适用于 0.05-10ct 大小范围的抛光及粗略抛光钻石。

3. Diamond Plus

HTHP 处理无色钻石（GE-POL）鉴定较为困难，DTC 于 2005 年研制出名为 Diamond Plus（图 17）的仪器，根据光致发光特性利用激光拉曼光谱仪来检测 HPHT 处理的 II 型钻石。Diamond Plus 便于携带，易于操作，价格相对低廉，可进行大批量钻石检测，但是，必须在液氮制冷的条件下工作（图 18）。

图 15　Diamond Sure

图 16　Diamond View

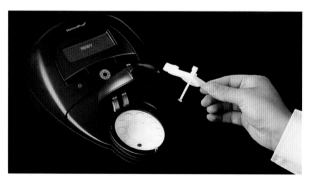

图 17　Diamond Plus

图 18　检测仓充填了液氮的 Diamond Plus

4. 傅里叶变换红外光谱仪

傅里叶变换红外光谱仪（图 19）是检测宝石在红外光的照射下，引起晶格（分子）、络阴离子团和配位基的振动能级发生跃迁，并吸收相应的红外光而产生光谱的仪器设备。近年来，红外测试技术如漫反射红外、显微红外、光声光谱以及色谱——红外联用等得到不断发展和完善，红外光谱法在宝石鉴定与研究领域得到了广泛的应用。钻石中 N 不同的浓度和集合方式都具有不同的红外光谱特征（图 20），利用红外光谱仪不仅可分辨 I 型和 II 型，还能区分 IaA、IaB、IIa 和 IIb 等亚类型（如表 2）。

图 19 傅里叶红外光谱仪

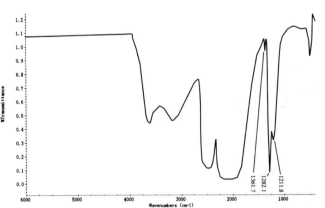

图 20 透射法红外光谱图（IaA 型钻石）（纵坐标为 Transmittance）

表 2 钻石的类型及红外光谱吸收峰

类型	I 型					II 型	
	Ia				Ib	IIa	IIb
依据	含不等量的杂质氮原子，聚合态				单氮原子	基本不含杂质氮原子	含少量杂质硼原子
杂质原子存在形式	双原子氮	三原子氮	集合体氮	片晶氮	孤氮		分散的硼代替碳的位置
晶格缺陷心及亚类	N_2 IaA	N_3 IaAB	B_1 IaB	B_2 IaB	N		B
红外光谱吸收谱带 / cm^{-1}	1282、1212		1175	1365、1370	1130、1344	1100-1400 范围内无吸收	2800

5. 阴极发光仪

从阴极射线管发出具有较高能量的电子束激发宝石表面，使电能转化为光辐射而产生的发光现象，称之为阴极发光。阴极发光仪（图21）作为宝石的一种无损检测方法，近年来在宝石的测试与研究中得到了较广泛的应用。利用阴极射线激发下钻石荧光图案与荧光颜色，可以有效区分天然钻石（图22）与合成钻石（图23）。

6. 紫外可见分光光度计与光纤光谱仪

紫外可见分光光度计（图24）是检测宝石在可见紫外光激发下，某些基团等吸收了紫外可见辐射光后，发生了电子能级跃迁而产生的吸收光谱。它是带状光谱，反映了分子中某些基团的信息。可以用标准光图谱再结合其它手段进行定性分析。使用紫外可见分光光度计检测钻石，如检测出594nm的吸收线、503nm的吸收线、（H3色心）、496nm的吸收线（H4色心）等吸收线即可判断为钻石经过辐照处理改色，415nm的吸收（N3色心）可以判断钻石为天然宝石，而非实验室合成宝石（图25）。

目前国内生产的光纤光谱仪（图26）则是一套基于反射测量的紫外可见光谱分析仪，利用光纤管更加方便快速检测钻石紫外可见光谱区吸收峰特征。能够有效区分天然钻石、合成钻石及辐照处理钻石。

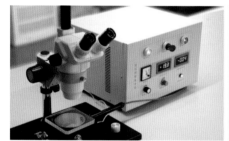

图21 阴极发光仪

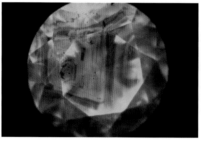

图22 阴极发光仪下钻石环带生长结构

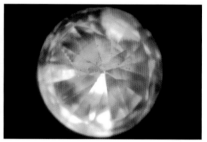

图23 阴极发光仪CVD合成钻石层状生结构

图24 紫外可见分光光度计

GEM-3000 FUV-5000

图26 光纤光谱仪

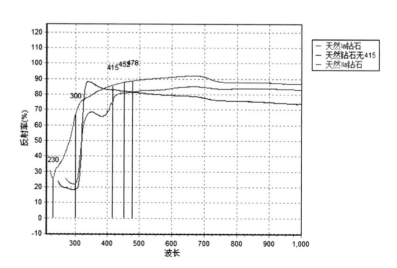

图25 天然钻石紫外可见吸收光谱（使用GEM-3000光纤光谱仪测试）

课后阅读：钻石真伪鉴别相关名词释义

1. 光性

根据晶体和非晶体的特点，按照光学性质的不同可以将宝石分为光性均质体、光性非均质体、光性集合体三大类。

光性均质体，简称均质体，是指光学性质各方向相同的固体，包括高级晶族的等轴晶系和非晶质体类的宝石。光波在均质体中传播时，其振动特点和振动方向基本不改变。这一现象称单折射，在折射仪可显示范围内，表现为单一折射率值。如合成尖晶石、玻璃等。

光性非均质体，简称非均质体，是指光学性质各向异性的固体，包括中级晶族和低级晶族类的宝石，光波进入非均质体宝石时，除特殊方向外，一般分解成振动方向互相垂直、传播速度不同的两束偏振光，这一现象称双折射。在折射仪可显示范围内，表现为两个折射率值，如刚玉、黄玉等。

光性集合体，简称集合体，是指由细小紧密结合的晶体组合，表现出光学性质总体趋于一致的固体。根据组成集合体的晶体结晶习性和光性特征，可进一步分为非均质集合体和均质集合体。如翡翠、软玉等属于非均质集合体，黑色钻石属于均质集合体。

2. 轴性

当光波沿非均质体的特殊方向入射时不发生双折射，这一特殊方向被称为光轴。中级晶族宝石只有一个光轴（图 27），故称为一轴晶宝石；低级晶族宝石有两个光轴（图 28），故称为二轴晶宝石。

3. 导热性

物体能传导热量的性质叫导热性。不同宝石传导热的性能差异甚大，所以导热性可作为宝石的鉴定特征之一。宝石学一般以相对导热率表示宝石的相对导热性能。相对热导率的确定常以银或尖晶石的热导率为基数。

钻石的热导率比其他宝石高出数十倍至数千倍，当尖晶石的热导率为 1 时，钻石的相对热导率是 56.9-170.8，金的相对热导率是 44，银的相对热导率是 31，而刚玉的相对热导率是 2.96，其他多数非金属宝石的相对热导率都小于 1。因此，使用热导仪能迅速鉴别钻石与仿制品。

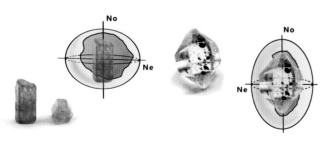

图 27 一轴晶光率体（OA 光轴方向与 No 方向重合）

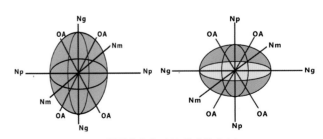

图 28 二轴晶光率体（OA 为光轴方向）

第二节　钻石的基本性质

钻石是指宝石级的金刚石，而金刚石为矿物名称，英文统称为"Diamond"。钻石主要化学成分为碳，其具备作为宝石的三个基本条件，即美观、耐久和稀少，主要表现在：第一，钻石具有自然界中矿物最强的金刚光泽，较高的折射率和较强的色散，经琢磨后的钻石光彩夺目、晶莹闪亮，被世人赋予"宝石之王"的美誉；第二，钻石是自然界矿物中最硬的物质，素有"硬度之王"的美称，其摩氏硬度为10，而其绝对硬度是刚玉的140倍、石英的1100倍；第三，地球上也不乏钻石资源，但开采不易。19世纪之前，只在印度和巴西发现少量钻石次生矿，现代钻石工业拉开序幕后，成吨的钻石被开采出来，到2011年时，地底下已经挖出几亿块钻石，全球一年钻石的产量就高达1.24亿克拉，约24 800千克，将近25吨。

起源于16世纪欧洲的生辰石文化中，钻石被视为四月生辰石，象征坚贞、纯洁和永恒，并作为结婚的信物，结婚60周年的纪念石，被誉为"爱情之石"。

一、钻石结晶学与矿物学性质

1. 结晶学性质

晶体是具有格子构造的固体。晶体，从微观角度，是原子呈现三维空间有规律重复排列的现象描述，从宏观角度，是原子能够自发形成几何体外观的一种现象表述，如钻石八面体晶体等（图29）。

钻石就是有规律重复排列的碳原子组成的晶体（图30）。碳原子之间通过共用电子对（共价键）的形式联结在一起的。碳原子之间特有的结合及排列方式是导致钻石各种性质的根本原因。

图 29　钻石的八面体晶体

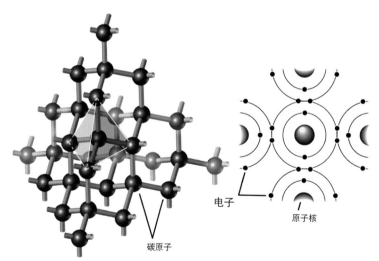

电子

原子核

碳原子

图 30　钻石晶体格子构造

（1）晶族、晶系

根据晶体对称要素的种类及组合，晶体形状可划分为三大晶族和七个晶系，具体见表3。

钻石属于高级晶族，等轴晶系，立方面心格子构造（图31）。

（2）结晶习性

结晶习性指某一种晶体在一定的外界条件下总是趋向于形成特定形态的特性。有时也具体指该晶体常见的单形种类。

单形，由对称要素联系起来的一组晶面的总合。晶体中的单形有47种。钻石中常见的单形为八面体（图32），其次为菱形十二面体和立方体。与单形相对的是聚形，指两个以上单形的聚合。这种聚合不是任意的，必须是属于同一对称形的单形才能相聚，所以聚形的对称性和其中的任一单形的对称性相同。例如钻石常呈单晶体产出，单晶体常见的单形有八面体、菱形十二面体、立方体，也可见聚形产出，天然钻石聚形主要为八面体和菱形十二面体（图33）。

晶体的规则连生是指两个或两个以上的同种晶体按照一定的规律进行生长，其中具有代表性的就是双晶。双晶，是指两个以上的同种晶体按一定的对称规律形成的规则连生。例如钻石常见的双晶类型有接触双晶（图34）和穿插双晶。

自然界产出的钻石晶体由于溶蚀作用，晶面常按照一定结晶学规律出现凹陷的蚀象。钻石不同单形晶面上的蚀象不同（图35），八面体晶面上可见倒三角形溶蚀凹坑或三角座（图36），立方体晶面上可见四边形凹坑，菱形十二面体晶面上可见线理或显微圆盘状花纹。

表3 晶体对称分类表

晶族名称	晶系名称	对称特点	代表性宝石
高级晶族	等轴晶系	有 4 个 L^3	钻石、尖晶石、合成立方氧化锆、人造钇铝榴石等
中级晶族	四方晶系	有一个 L^4 或 Li^4	锆石、金红石等
	三方晶系	有一个 L^3	刚玉、水晶、碧玺等
	六方晶系	有一个 L^6 或 Li^6	绿柱石、合成碳化硅等
低级晶族	斜方晶系	L^2 或 P 多于 1	黄玉、橄榄石等
	单斜晶系	L^2 或 P 不多于 1	硬玉、透辉石、孔雀石等
	三斜晶系	无对称面，无对称轴	绿松石、天河石、斜长石等

图 31 钻石的八面体晶体

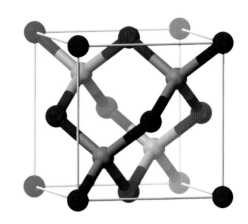

图 32 钻石的立方面心格子构造

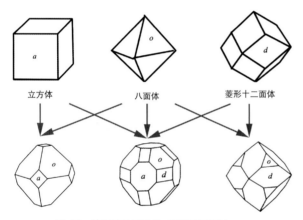

图 33 钻石结晶习性单（单形及聚形）

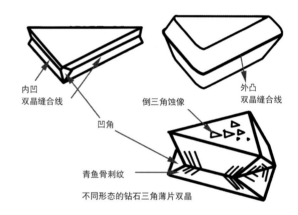

图 34 钻石的接触双晶，也称三角薄片双晶，具有典型的扁平三角形外观，在双晶两个平面的接合处可见明显的青鱼骨刺纹，在钻石贸易中又称之"结节"。

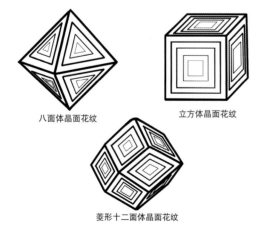

图 35 钻石不同单形晶面上的蚀象

图 36 八面体晶面上可见倒三角形溶蚀凹坑

2. 矿物学性质

（1）矿物名称

钻石的矿物名称是金刚石（Diamond）。在矿物学上属于金刚石族。

（2）矿物化学组成

钻石主要成分是碳C，其质量占比可达99.95%，微量元素有N、B、H、Si、Ca、Mg、Mn、Ti、Cr、S、惰性气体元素及稀土元素，达50多种。这些微量元素可以类质同象替代形式取代钻石中的碳元素，从而可以改变钻石的类型、颜色及物理性质。

类质同象是指在晶体结构中部分质点被其他性质类似的质点所替代，仅使晶格常数和物理化学性质发生不大的变化，而晶体结构保持不变的现象。例如刚玉成分为Al_2O_3，当铝离子（Al^{3+}）被少量铬离子（Cr^{3+}）替代，形成红色（图37）。类质同象是宝石中常见现象之一。

（3）钻石分类

钻石最常见的微量元素是N元素，N以类质同象形式替代C而进入晶格，N原子的含量和存在形式对钻石的紫外吸收、可见光吸收、红外吸收等方面有重要影响。同时N原子在钻石晶格中存在的不同形式及特征也是钻石分类的依据。（表4）

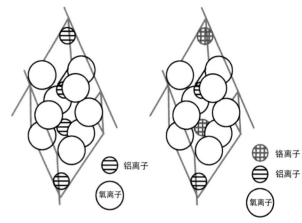

图37 刚玉晶体结构及类质同象替代现象

表4 钻石分类表及特征

类型	分类依据		特征
I型（含N），这类钻石中含有少量的氮元素（N），自然界98%以上的钻石都是该类型。根据氮元素存在的状态，I型钻石可分为Ia型钻石和Ib型钻石两种类型	Ia型	碳原子被氮原子取代，氮在晶格中呈聚合状不纯物存在。	自然界98%以上的钻石都是该类型，常见颜色为无色——黄色，一般天然黄色钻石均属此类，具有特征的415.5nm吸收光谱线。
	Ib型	钻石中含氮量较低，且以单原子形式存在于钻石中。	在自然界中天然的Ib型钻石极少（<0.1%），常见颜色为无色——黄色、黄绿色、褐色，该类型主要为HTHP合成钻石类型。

类型		分类依据		特征
Ⅱ型（不含N），此类钻石中几乎不含氮，Ⅱ型钻石较为稀少，只占钻石总量的2%。根据杂质元素特点Ⅱ型钻石可分为两种类型	Ⅱa型	不含氮，含少量氢（H）元素	C=碳原子	自然界中罕见，内部几近纯净，而且其形态不规则，具有极高的导热性，碳原子位置错移造成缺陷致色，常见颜色为无色－棕褐色、粉红色等彩色，无缺陷者呈无色，该类型是CVD合成钻石常见类型之一。
	Ⅱb型	不含氮，含少量硼（B）元素	C=碳原子　B=硼原子	Ⅱb型钻石为半导体，是天然钻石中唯一能导电的，据此性质，可以区别天然蓝色钻石和辐照处理致色的蓝色，大部分Ⅱb型钻石呈蓝色，少数为灰色，霍普钻石（Hope Diamond）是最著名的Ⅱb型钻石。

二、钻石光学性质

1. 钻石的颜色

钻石的颜色分为两大系列：无色－浅黄系列（图38）和彩色系列（图39）。无色－浅黄系列钻石严格说是近于无色的，通常带有浅黄、浅褐、浅灰色，是钻石首饰中最常见的颜色。彩色钻石颜色发暗，强－中等饱和度，颜色艳丽的彩钻极为罕见。

钻石颜色成因可以从两个角度来解释，一是由于微量元素N、B和H原子进入钻石的晶体结构之中对光的选择性吸收而产生的颜色；另一种原因是晶体塑性变形而产生位错、缺陷，对某些光的选择性吸收而使钻石呈现颜色。

图 38　无色到浅黄色系列钻石

图 39　彩色钻石

2. 光泽

钻石晶体具有特征的油脂光泽（图 40），加工后的钻石具特有的金刚光泽（图 41），金刚光泽是天然无色透明矿物中最强的光泽。值得注意的是观察钻石光泽时要选择强度适中的光源，钻石表面要尽可能平滑，当钻石表面出现溶蚀及风化特征时，钻石光泽将受到影响而显得暗淡。

3. 透明度

纯净的钻石应该是透明的（图 42），但由于矿物包体、裂隙的存在和晶体集合方式的不同，钻石可呈现半透明（图 43），甚至不透明（图 44）。

4. 光性

钻石为均质体，但其形成环境地幔中温度压力极高，常导致晶格变形，因此，天然钻石绝大多数具有异常消光现象（图 45）。

5. 折射率

钻石的折射率为 2.417，是天然无色透明矿物中折射率较大的矿物，其折射率超出宝石实验室常用折射仪测试范围。

图 40　油脂光泽的钻石晶体（毛坯钻石）

图 41　金刚光泽的成品钻石

图 42　透明钻石

图 43　半透明钻石

图 44　不透明钻石

图 45　钻石的异常消光现象

6. 发光性

使用仪器观察钻石发光性的时候，不同的钻石，其发光性不同；同一个钻石由于观察发光性仪器的能量差异，钻石的荧光和磷光也会出现差异。

（1）紫外荧光灯

在波长为 365nm 的长波紫外光下，钻石最常见的荧光颜色是蓝色或蓝白色（图 46-图 48），少数呈黄色、橙、绿和粉红色，也可见惰性。一般情况下，钻石长波下荧光强度要大于短波下的荧光强度。

实际检测中钻石的荧光可以用来区分钻石的类型、快速鉴别群镶钻石首饰、判断钻石切磨难易程度。例如 I 型钻石以蓝色-浅蓝色荧光为主，Ⅱ型钻石以黄色、黄绿色荧光为主；群镶钻石首饰可利用不同钻石荧光的强度、荧光颜色的差异性快速鉴别；在同等强度紫外线照射下，不发荧光的钻石最硬，发淡蓝色、蓝白色荧光的钻石硬度相对较低，发黄色荧光的居中。钻石磨制工作中，往往利用这一特征来快速判断钻石加工磨削的难易程度。

肉眼观察时，强蓝白色荧光会提高无色-浅黄色系列钻石或者黄色钻石的色级，但荧光过强，会有一种雾蒙蒙的感觉，影响钻石的透明度，降低钻石的净度。

（2）X 射线

钻石在 X 射线的作用下大多数都能发荧光，而且荧光颜色一致，通常都是蓝白色，极少数无荧光。据此特征，常用 X 射线进行选矿工作，既敏感又精确。

（3）阴极发光

钻石在阴极射线下发蓝色、绿色或黄色的荧光，并可呈现特有的生长结构图案（图 49）。

7. 色散

钻石的色散值为 0.044，是天然宝石中色散较高的品种之一，直接外在表现为钻石火彩，这是肉眼鉴定钻石的重要依据之一（图 50）。

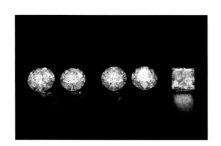

图 46 自然光下钻石

图 47 长波紫外光（LW）下钻石发光性

图 48 短波紫外光（SW）下钻石发光性

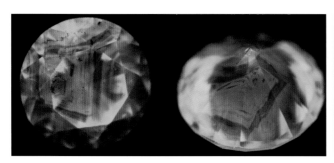

图 49 阴极发光下钻石荧光的图案及颜色

图 50 钻石的色散

8. 吸收光谱

从无色到浅黄色的钻石，在紫区 415.5nm 处有一吸收谱带（图 51）；褐—绿色钻石，在绿区 504nm 处有一条吸收窄带，有的钻石可能同时具有 415.5nm 和 504nm 处的两条吸收带。辐照处理黄色钻石具有 594nm 典型吸收峰，辐照处理粉红色钻石可见 570nm 和 575nm 吸收峰，辐照处理绿色钻石具有 741nm 吸收峰。

三、钻石力学性质

1. 解理

钻石具有平行八面体方向（结晶学中也描述为（111）方向）的四组完全解理。

鉴别钻石与其仿制品，加工时劈开钻石都需要利用完全解理（图 52）；抛光钻石在腰部特征"V"字形缺（破）口，钻石净度分级内部特征中的须状腰（图 53）就由钻石解理引起的。

2. 硬度

钻石是自然界最硬的矿物，它的摩氏硬度为 10。

钻石具有差异硬度，即其硬度具有各向异性的特征，具体表现为：八面体 > 菱形十二面体 > 立方体方向（图 54）。此外，无色透明钻石比彩色钻石硬度略高。切磨钻石时是利用钻石较硬的方向去磨另一颗钻石较低的方向，传统切磨工艺里面都是用钻石来磨钻石（图 55）。

虽然钻石是世界上最硬的物质，但其解理发育、性脆，受到外力作用很容易沿解理方向破碎。

3. 密度

钻石的密度为 3. 521（±0. 01）g/cm^3，由于钻石成分单一，杂质元素较少，钻石的密度很稳定，变化不大，只有部分含杂质和包体较多的钻石，其密度才有微小的变化。

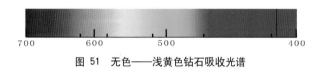

700   600   500   400

图 51   无色——浅黄色钻石吸收光谱

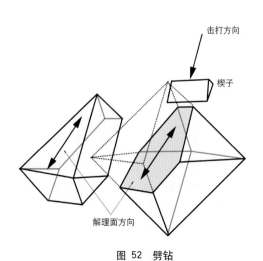

图 52   劈钻

图 53   须状腰（垂直钻石粗磨腰围的白色短线）

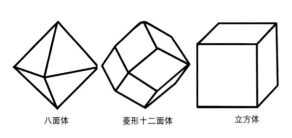

八面体　　　　　菱形十二面体　　　　　立方体

钻石的硬度具有各向异性的特征，不同方向硬度不同
八面体方向＞菱形十二面体方向＞立方体方向的硬度

图 54　不同晶体形态钻石的差异硬度

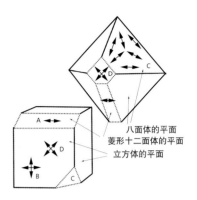

A：最软的方向
是平行于菱形十二面体
平面的方向

B：硬度再低一点的方向
是平行于立方体棱线方向

C：硬度稍微低一点的方向
是平行于八面体
所有面的方向

D：最硬的方向
是平行立方体平面
斜对角线方向

八面体的平面
菱形十二面体的平面
立方体的平面

图 55　钻石晶体不同方向的差异硬度

四、钻石其他性质

1. 热学性质

(1) 导热性

钻石的热导率为 870–2010w／（m·k），导热性能超过金属，是所有物质中导热性最强的。其中 II a 型钻石的导热性最好。利用热导仪在鉴别钻石真伪时可以起到重要的作用。

(2) 热膨胀性

钻石的热膨胀系数极低，温度的突然变化对钻石影响不大。但是钻石中若含有热膨胀性大于钻石的其他矿物包体或存在裂隙时不宜加热，否则会使钻石产生破裂。KM 激光打孔处理钻石就是利用了这一特性。此外在镶嵌过程中，钻石极低的热膨胀性可以使钻石镶嵌非常牢固。

(3) 可燃性

钻石在绝氧条件下加热到 1800℃ 以上时，将缓慢转变为石墨。在有氧条件下加热到 650℃ 将开始缓慢燃烧并转变为二氧化碳气体。钻石的激光切割和激光打孔处理技术就是利用了钻石的低热膨胀性和可燃性。但对钻石首饰进行维修时，应避免灼伤钻石。此外，加工钻石过程中，如果磨盘转速太快，能够导致抛磨面局部碳化，形成烧痕。

2. 电学性质

钻石中的碳原子彼此以共价键结合，在结构中没有自由电子存在，因此大多数钻石是良好的绝缘体。

一般情况下，钻石杂质元素含量越低，其绝缘性就越好，因此 II a 型钻石的绝缘性最好。II b 型钻石由于微量元素硼（化学元素符号为 B）的存在产生了自由电子，使这一类型的钻石可以导电，是优质的高温半导体材料。

此外，高温高压法合成钻石中如果含有大量的金属包体也可以导电。

3. 磁性

当钻石含有金属包裹体时，能够被磁铁吸引使得钻石呈现磁性，HTHP 合成钻石由于含有铁镍合金包体，也具有磁性。

4. 亲油疏水性

钻石对油脂有明显亲和力,这个性质在选矿中被用于回收钻石,在涂满油脂的传送带上将钻石从矿石中分选出来。钻石的斥水性是指钻石不能被浸润,水在钻石表面呈水珠状而不成水膜。该性质可用来做托水实验鉴别钻石与其仿制品,但使用该方法前应仔细清洗宝石。

5. 化学稳定性

钻石的化学性质非常稳定,在一般的酸、碱溶液中均不溶解,王水对它也不起作用,所以经常用硫酸来清洗钻石。但热的氧化剂、硝酸钾却可以腐蚀钻石,在其表面形成蚀象。

五、珠宝玉石的定名规则

2011 年 02 月 01 日开始执行 GB/T 16552-2010《珠宝玉石名称》对于宝石的定义、分类、定名规则有着明确的规定。这为进一步统一国内宝石检测实验室出具鉴定证书及检测报告中宝石的定名,更好引导、规范市场起到了积极作用。由于具有特殊光学效应的钻石极其罕见,因此这里未介绍关于特殊光学效应相关内容。

1. 珠宝玉石的定义及分类

珠宝玉石分为天然珠宝玉石和人工宝石两大类。其中天然珠宝玉石是指由自然界产出,具有美观、耐久、稀少性,具有工艺价值,可加工成饰品的物质,分为天然宝石、天然玉石和天然有机宝石,具体见表5。

2. 珠宝玉石定名规则

天然宝石,直接使用天然宝石基本名称或其矿物名称,无需加"天然"二字。产地不参与定名,如:"南非钻石"、"缅甸蓝宝石"等。禁止使用由两种或两种以上天然宝石组合名称定名某一种宝石,如:"红宝石尖晶石"、"变石蓝宝石"等,"变石猫眼"除外。禁止使用含混不清的商业名称,如:"蓝晶"、"绿宝石"、"半宝石"等。

天然玉石,直接使用天然玉石基本名称或其矿物(岩石)名称,在天然矿物或岩石名称后可附加"玉"字;无需加"天然"二字,"天然玻璃"除外。不用雕琢形状定名天然玉石。不能单独使用"玉"或"玉石"直接代替具体的天然玉石名称。

表 5 天然宝石分类表

分类	分类	定义	宝石实例
天然珠宝玉石	天然宝石	由自然界产出,具有美观、耐久、稀少性,可加工成饰品的矿物的单晶体(可含双晶)	钻石、刚玉等
	天然玉石	由自然界产出的,具有美观、耐久、稀少性和工艺价值的矿物集合体,少数为非晶质体	翡翠、软玉等
	天然有机宝石	由自然界生物生成,部分或全部由有机物质组成,可用于首饰及饰品的材料。注:养殖珍珠(简称"珍珠")也归于此类	珊瑚、象牙等

课后阅读1：钻石相关地质学基础名词

1. 地球圈层结构

地球圈层结构分为地球外部圈层和地球内部圈层两大部分（图56）。地球外部圈层可进一步划分为三个基本圈层，即水圈、岩石圈、大气圈；地球内圈可进一步划分为三个基本圈层，即地壳、地幔和地核。地壳和上地幔顶部（软流层以上）由坚硬的岩石组成，共同组成岩石圈。

2. 岩石分类

岩石根据成因可分为三大类，三大类岩石在地质条件下可相互转化（图57）。

岩浆岩，是直接由岩浆形成的岩石，指由地球深处的岩浆侵入地壳内或喷出地表后冷凝而形成的岩石。又可分为侵入岩和喷出岩（火山岩）。

沉积岩指暴露在地壳表层的岩石在地球发展过程中遭受各种外力的破坏，破坏产物在原地或者经过搬运沉积下来，再经过复杂的成岩作用而形成的岩石。

变质岩指地壳中原有的岩石受构造运动、岩浆活动或地壳内热流变化等内应力影响，使其矿物成分、结构构造发生不同程度的变化而形成的岩石。

3. 矿床分类

矿床是地表或地壳里由于地质作用形成的并在现有条件下可以开采和利用的矿物聚集地，包括地质和经济双重含义。矿床分为原生矿和次生矿两种。

原生矿指有用矿物形成后，其物质组成与周围共生矿物的相对位置未经外力的改变。与原生矿床对应的是次生矿床。如含金刚石的金伯利岩筒即为原生矿床，而金刚石砂矿则是次生矿床。

次生矿指组成该矿床的有用矿物不是原地形成的，而是由异地迁移过来的。例如湖南沅江流域出产的钻石属于次生矿。

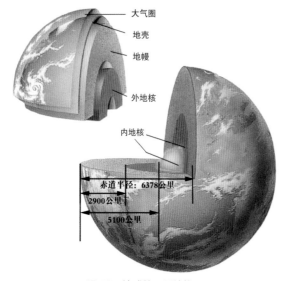

图 56 地球的圈层结构

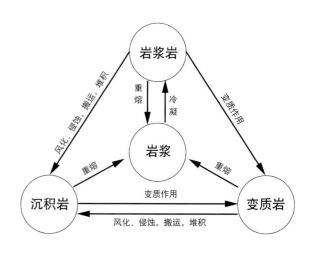

图 57 岩石的循环

课后阅读 2：钻石相关物理学名词

1. 颜色

颜色是眼睛和神经系统对光源的感觉，它是光源在眼睛的视网膜上形成的讯号刺激大脑皮层产生的反应，这种生理的反应就是颜色的感觉。产生宝石颜色的三要素：光源、宝石和观察者（器）。光与色之间有着不可分割的密切关系，光是产生色的直接原因，色是光被感觉的结果。

可见光是一种电磁波，在整个电磁波谱中，能引起人眼视觉可见光仅占很小部分（图 58），其波长范围为 400-700nm。不同波长的光具有不同的颜色，依次为红色（700-620 nm）、橙色（620-580nm）、黄色（580-520nm）、绿色（520-470nm）、蓝色（470-420nm）、紫色（420-400nm），两个相邻颜色之间可有一系列过渡色（图 59）。

2. 光泽

光泽是指宝石表面反射光的能力。根据强弱可以将光泽分为金属光泽、半金属光泽、金刚光泽（图 60）、玻璃光泽和其它光泽。其它光泽包括：油脂光泽（毛坯钻石）（图 61），蜡状光泽（岫玉），丝绢光泽（孔雀石），珍珠光泽（珍珠）等。

对于宝石矿物来讲，绝大部分为玻璃光泽，金属光泽和半金属光泽者极少。另外，由于反射光受到宝石矿物颜色、表面平坦程度、集合体结合方式等的影响，还可以产生一些特殊的光泽，如油脂光泽、树脂光泽、丝绢光泽、珍珠光泽等。

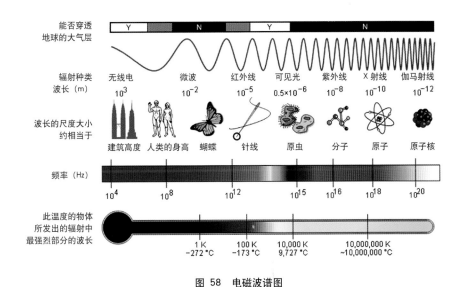

图 58　电磁波谱图

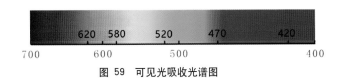

图 59　可见光吸收光谱图

图 60　金刚光泽（成品钻石）

图 61　油脂光泽（毛坯钻石 ）

3．透明度

透明度是指宝石允许可见光透过的程度。宝石的透明度范围跨度很大，无色宝石可以达到透明，给人以清澈如冰的感觉，而完全不透明的宝石则较少。在研究宝石的透明度时，应以同一厚度为准。

在宝石的肉眼鉴定中，通常将宝石的透明度大致划分为：透明（图 62）、亚透明（图 63）、半透明（图 64）、微透明（图 65）、不透明（图 66）五个级别。

图 62　透明的宝石

图 63　亚透明的宝石

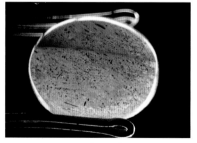

图 64　半透明的宝石

图 65　微透明的宝石

图 66　不透明的宝石

4. 发光性

发光性是指矿物在外来能量的激发下，宝石发出可见光的性质。能激发宝石发光的因素很多，如摩擦、加热、阴极射线、紫外线、X 射线都可使某些矿物发光。在宝石学中经常用到的是紫外线，激发而产生荧光和磷光可以在鉴定中起到辅助作用。

荧光，宝石矿物在受外界能量激发时发光，激发源撤除后发光立即停止，这种发光现象称为荧光（图 67- 图 69）。

磷光，宝石矿物在受外界能量激发时发光，激发源撤除后仍能继续发光的现象称为磷光。

5. 硬度

宝石抵抗外来压入、刻划或研磨等机械作用的能力称为宝石的硬度。宝石的硬度与其晶体结构、化学键、化学组成等有关。宝石的硬度可分为绝对硬度和相对硬度。绝对硬度是通过硬度仪在标准条件下测定的。宝石的相对硬度（或比较硬度）是与规定的标准矿物对比得出的相对刻划硬度，在鉴定宝石中具有重要意义。

宝石学中常用的相对硬度又称摩氏硬度（Hm）。摩氏硬度是德国矿物学家 Friedrich Mohs 在 1822 年根据 10 种标准矿物的相对硬度确定的定性级别（图 70），共分为十个等级（表 6）。除使用标准摩氏硬度物质外，还可以用一些其它物质进行硬度对比：如指甲 2.5；铜针 3；窗玻璃 5-5.5；刀片 5.5-6；钢锉 6.5-7，此外合成碳化硅的摩氏硬度为 9.25。

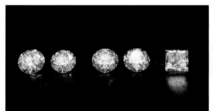

图 67 自然光下的钻石

图 68 紫外灯长波 (LW) 条件下钻石的荧光

图 69 紫外灯短波 (SW) 条件下钻石的荧光

表 6 摩氏硬度表

摩氏硬度等级	矿物名称	摩氏硬度等级	矿物名称
1	滑石	6	正长石
2	石膏	7	石英
3	方解石	8	黄玉
4	萤石	9	刚玉
5	磷灰石	10	金刚石

图 70 摩式硬度计

6. 韧性

韧性是指物质抵抗打击撕拉破碎的能力，与脆性相对应。受打击易碎裂为脆性，反之，抗打击撕拉碎裂性能强者具韧性，所以也称韧度为打击硬度。

韧性与硬度的关系不具正相关的关系，韧性与矿物的晶体结构构造有关。无色单晶金刚石晶体的韧性远不如为微晶（连晶）集合体的黑色金刚石的韧性大。纤维交织结构的玉石具有较高的韧性。

7. 解理、裂理与断口

解理、裂理和断口都是矿物在外力作用下发生破裂的性质，但它们破裂的特征及与之有关的因素各有不同。三者均是鉴定宝石和加工宝石的重要参考要素之一。

解理是指宝石晶体在外力作用下，沿一定的结晶学方向裂开成光滑平面的性质。这些裂开的平面称为解理面（图71）。

裂理（又叫裂开）也是晶体受力后沿一定结晶方向裂开的性质。其与解理的区别在于形成裂开多沿双晶结合面发生，尤其是沿聚片双晶结合面或内部包体出溶面发生，裂面的平整光滑程度不如解理面。例如刚玉具有平行菱面体的聚片双晶，故常沿菱面体发育裂理，其另一组常见裂理发育于与底面平行的方向。裂理不是晶体的固有性质，只有当晶体中存在双晶结合面或包体出溶面时才有可能存在，另外，裂理的存在可以不服从宝石本身的对称性。

宝石受外力作用随机产生的无方向性不规则的破裂面称为断口。任何晶体和非晶体宝石矿物都可以产生断口，但容易产生断口的宝石矿物，由于其断口常具有一定的形态，因此可以作为鉴定宝石矿物的辅助特征，例如贝壳状断口（图72），其断口呈圆形的光滑曲面，面上常出现不规则的同心条纹，形似贝壳状，如玻璃、水晶、锆石、合成立方氧化锆等的断口。

8. 密度与相对密度

密度指某种物质单位体积的质量，计量单位为 g/cm^3，用符号 ρ 表示。通常以物质的质量 m 与其体积 v 的比值来度量，定义式为：$\rho = m/v$。

密度是宝石重要的性质之一，并与宝石的晶体

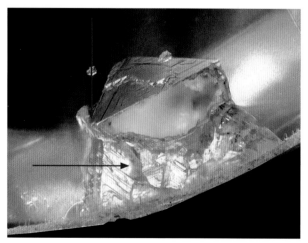

图 71　解理（红色箭头所指的阶梯状破裂面）

图 72　贝壳状断口（红色箭头所指的弯曲且凹凸不平的破裂面）

化学和晶体结构密切相关，如原子量、离（原）子半径的大小和结构堆积的紧密程度等。尽管密度有助于鉴定宝石，但在实际测试过程中，许多刻面宝石、不规则晶体及形态各异雕件的体积是难以精确测定的。

正是由于密度的测定与计算十分复杂，在宝石学中并不测量宝石的密度，而是测定其相对密度。相对密度是指宝石的质量与同体积 4℃水的质量的比值，属无量纲。由于相对密度容易测定，而其值与密度值十分接近，二者换算系数仅 0.0001，完全可以把相对密度值作为密度的近似值，因而相对密度在宝石鉴定中得到了广泛的应用。

宝石的相对密度是指在 4℃及 1 个标准大气压条件下，单位体积的宝石质量与同体积水的质量的比值，没有单位。相对密度的测定方法（也称静水称重法）的依据是阿基米德定律：当物体浸入液体中时，液体作用于物体的上浮力等于所排开液体的质量（图 73）。若液体为水，水温对单位体积水的质量影响忽略不计，根据阿基米德定律即可推出宝石相对密度（比重）的计算公式：

相对密度（SG）= 宝石的质量／宝石所排开水的质量 = 宝石的质量／（宝石的质量 – 宝石在水中的质量）≈ 宝石在空气中的重量／（宝石在空气中的重量 – 宝石在水中的重量）

相对密度是宝石的重要物理参数之一，在鉴定和分选上具重要的意义。必须指出，同一种宝石，由于化学成分的变化、类质同象的替代和包体、裂隙的存在均会影响宝石的相对密度。

图 73 静水称重法

第三节　钻石仿制品种类及其鉴别

一、钻石仿制品的概念

1.基本概念

钻石仿制品是指外观上与所仿制的钻石相似，但其化学成分、晶体结构和物理性质与钻石不同，其材料可以是天然的、合成的、人造的或拼合的。例如合成碳化硅，其外形与钻石非常相似，但其化学成分、晶体结构和各种物理和化学性质与钻石完全不同。

2.钻石仿制品基本条件

钻石的仿制品主要模仿无色 – 浅黄色系列钻石，一般具有无色透明、高色散、高折射率的特点，因此作为钻石仿制品必须从性质上与钻石越接近越好。作为钻石仿制品必须具备的条件有：

（1）高硬度

高硬度可使宝石材料耐磨，可有好耐久性；钻石是所有物质中硬度最高的，加工时刻面棱可以非常平直锋利，刻面尖点能够精确交汇；其次钻石高硬度可以进行精确抛光，产生强的光泽，以提高亮度。因此钻石仿制品需要具有较高的硬度，才能切磨成面平棱直琢型。

（2）高色散

色散值越高，火彩越强。钻石色散值高，能够表现出很明显的出火。因此钻石仿制品的色散值越高，其火彩也越强，外观上与钻石也越接近。

（3）高折射率

折射率与光泽成正比，高折射率的宝石材料具有较强的光强；高折射率的宝石材料切磨后容易产生全内反射，形成较高的亮度。

实际上任何宝石材料都可以加工使光线产生全内反射，但折射率低的宝石材料，需使其亭部加深才能达到这种效应，而亭部太深，比例失调，甚至导致宝石无法镶嵌。

（4）基本无色

大部分钻石是无色 – 浅黄色系列，目前用来仿钻石的应是无色或浅黄色的材料，彩色钻石仿制品很少。

（5）切工

钻石价值高，对于钻石切磨非常精细，各种切工比例都设计完美。因此用作仿钻的宝石应加工比率和对称性要好一些，如加工比率或对称性不好，很容易识别。

二、常见钻石仿制品的种类及其性质

钻石仿制品类型很多，因为钻石的稀少和昂贵，人们很早就在仿制钻石方面绞尽了脑汁。最古老的替代品是玻璃，后来用天然无色锆石，随后人们用简单、容易实现的方法人工制造出各种各样性质与天然钻石相似的钻石仿制品。如早期用焰熔法合成的氧化钛晶体，即合成金红石，它有很高的色散，但是它硬度低，还有黄色，且色散过高而容易识别。针对合成金红石的缺点，人们又用焰熔法生长出了人造钛酸锶晶体，它的特点是色散比合成金红石小，近似钻石的色散，颜色也比较白，但其硬度较小，切磨抛光总也得不到锋利平坦的交棱和光面。

随着科学的发展，人们又不断生产出更近似钻石的仿制品。如人造钇铝榴石，人造钆镓榴石等，尤其合成立方氧化锆是钻石理想的仿制品。它不仅无色透明，而且其折射率、色散、硬度都近似于天然钻石，为此曾在较长一段时间，迷惑过许多人。但是只要细心比较，仍可以区别。1998 年美国推出的合成碳化硅，其物理性质更接近钻石。

1. 常见钻石仿制品类型及基本性质

用作钻石仿制品的天然宝石主要有：锆石、托帕石、绿柱石、水晶等。

用作钻石仿制品的人工宝石材料有：合成立方氧化锆、合成碳化硅、玻璃、合成无色刚玉、合成无色尖晶石、合成金红石、人造钇铝榴石、人造钆镓榴石、人造钛酸锶等。

这些材料的物理性质和外观与钻石比较相似，往往具有很大的迷惑性。仿制品从化学成分的角度，均属于化合物。根据其组成特征，又可以分为氧化物和含氧盐。

氧化物是一系列金属和非金属元素与氧阴离子 O^{2-} 化合（以离子键为主）而成的化合物其中包括含水氧化物。这些金属和非金属元素主要有 Si、Al、Fe、Mn、Ti、Cr 等。属于氧化物的仿钻有无色刚玉（Al_2O_3）、水晶（SiO_2）、玻璃（SiO_2）、合成立方氧化锆（ZrO_2）、合成尖晶石（$MgAl_2O_4$）、合成金红石（TiO_2）、人造钇铝榴石（$Y_3Al_2O_{12}$）、人造钆镓榴石（$Gd_3Ga_5O_{12}$）、人造钛酸锶（$SrTiO_3$）等。

大部分矿物均属于含氧盐类，其中又以硅酸盐类矿物居多，还有少量宝石矿物属碳酸盐类、磷酸盐类。宝石中硅酸盐类约占一半。硅酸盐是指以硅氧络阴离子配位的四面体 $[SiO_4]^{4-}$——为基本构造单元的晶体。例如绿柱石（$Be_3Al_2Si_6O_{18}$）、锆石（高型）（$ZrSiO_4$）、托帕石（Al_2SiO_4（F，OH）$_2$）等。

（1）天然宝石仿钻石

任何天然无色透明的材料，都可以作为钻石的替代品来仿冒钻石。但是天然宝石仿钻石，由于其外观与钻石相距太远，不宜切磨或配戴，实际上在钻石仿制品中较为少见，例如白钨矿、锡石和闪锌矿等，这里列举的是常见用来仿钻的天然宝石。

a) 锆石

锆石是 12 月诞生石，象征抱负远大和事业成功。锆石有无色和红、蓝、紫、黄等各种颜色。由于它具有

高折射率和高色散，无色的锆石具有类似钻石那样闪烁的彩色光芒，因此成为昂贵钻石的代用品。

锆石，英文名称为 Zircon，化学成分为硅酸锆（$ZrSiO_4$）；中级晶族；四方晶系，金刚光泽，性脆，具有明显纸蚀现象，无解理，摩氏硬度为 6-7.5，密度为 $3.90-4.73g/cm^3$，折射率 1.810-1.984，双折射率 0.001-0.059，非均质体，一轴晶，正光性（图 74）。

b) 刚玉

刚玉族有两个品种，其中，红色品种称为红宝石，红色以外所有品种称为蓝宝石。蓝宝石有无色和蓝、紫、黄等各种颜色，由于它具有强玻璃光泽和较高的摩氏硬度，无色蓝宝石粗看和钻石十分类似。

蓝宝石，9 月生辰石，象征忠诚和坚贞，英文名称 sapphire，化学成分为氧化铝（Al_2O_3），中级晶族，三方晶系，强玻璃光泽，无解理，可见裂理，摩氏硬度为 9，密度为 $4.00g/cm^3$，折射率 1.762-1.770，双折射率 0.008-0.010，非均质体，一轴晶，负光性。

c) 托帕石

托帕石是 11 月诞生石，象征和平与友谊。托帕石有无色、蓝、黄、粉等各种颜色，由于它具有玻璃光泽和较高的摩氏硬度，无色托帕石粗看和钻石十分类似。

托帕石，英文名称 topaz，化学成分为含水的铝硅酸盐矿物（Al_2SiO_4（F,OH）$_2$），低级晶族，斜方晶系，玻璃光泽，一组完全解理，摩氏硬度为 8，密度为 $3.53g/cm^3$，折射率 1.619-1.627，双折射率 0.008-0.010，非均质体，二轴晶，正光性（图 75）。

d) 绿柱石

绿柱石族中绿色品种称为祖母绿，蓝色品种为海蓝宝石，粉红色品种为摩根石，无色品种为透绿柱石等，由于它具有玻璃光泽和较高的摩氏硬度，无色绿柱石粗看和钻石十分类似。

绿柱石，英文名称 Beryl，化学成分为铍铝硅酸盐矿物（Be_3Al_2（SiO_3）$_6$），中级晶族，六方晶系，玻璃光泽，一组不完全解理，摩氏硬度为 7.5-8，密度

为 2.72g/cm³，折射率 1.577-1.583，双折射率 0.005-0.009，非均质体，一轴晶，正光性（图 76）。

e) 水晶

水晶自古就有"水玉"、"水精"之称，水晶颜色很多，有无色、紫色、黄色等，无色水晶在整个水晶族群中分布最广，数量也最多。无色水晶是佛教七宝之一，无色水晶还是结婚十五周年纪念宝石。由于它具有玻璃光泽和较高的摩氏硬度，无色水晶粗看和钻石十分类似（图 77）。

水晶，英文名称 Rock Crystal，化学成分为二氧化硅（SiO_2），中级晶族，三方晶系，玻璃光泽，无解理，摩氏硬度为 7，密度为 2.65g/cm³，折射率 1.544-1.553，双折射率 0.009，非均质体，一轴晶，正光性，可见"牛眼"干涉图（图 78）。

（2）人工宝石仿钻石

天然的宝石由于外观与钻石差异性较大，实际市场交易中，用于仿冒钻石、制作廉价仿钻首饰方面大显身手的是各种各样的人工宝石。

a) 合成碳化硅

合成碳化硅又称"莫依桑石"。合成碳化硅的历史可追溯到一百多年前，Edward G·Acheson 于 1893 年在试图合成钻石过程中偶然发现这种高硬度并可作为研磨材料的合成物质。过后不久，诺贝尔奖获得者化学家 Henri Moissan 在迪亚布洛峡谷陨石中发现天然的碳化硅矿物；1905 年，Kunz 用"Moissanite"来命名这种天然的碳化硅矿物，以表示人们对 Henri Moissan 的敬意。后来，陆续有关于合成碳化硅的报道，但多数产品是有颜色的，难以达到仿制近无色钻石的效果。1997 年秋季，美国北卡罗来纳州 C3 公司（C3 Inc.，现改为 Charles & Colvard 公司）成功地推出他们的新产品——近无色的合成碳化硅，并于 1998 年初投入市场，是一种最新的钻石仿制品。

合成碳化硅，英文名称 Synthetic Moissanite，化学成分为碳化硅（SiC），中级晶族，六方晶系，金刚光泽，无解理，摩氏硬度为 9.25，密度为 3.22g/cm3，折射率 2.648-2.691，双折射率 0.043，非均质体，一轴晶，正光性（图 79）。

图 74 锆石

图 75 托帕石

图 76 绿柱石

图 77 水晶仿钻石

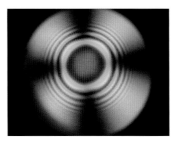

图 78 水晶的"牛眼"干涉图

图 79 合成碳化硅

b) 合成立方氧化锆

合成立方氧化锆也被称为"俄国钻"、"苏联钻"等，合成立方氧化锆是两位德国化学家（Von·Stadkelberg和Chudoba）于1937年在高度蜕晶化的锆石中发现的微小颗粒。当时这两位科学家没有给它定矿物学名称，所以至今仍用它的晶体化学名称"立方氧化锆"（Cubic Zirconia，简写CZ）。1972年，前苏联的研究人员（Aleksandrov等）使用了一种称为"冷坩埚熔壳法"的技术，生长出了熔融温度高达2800℃左右的立方氧化锆晶体。1976年起，前苏联把无色的合成立方氧化锆作为钻石的仿制品推向市场，由于其与钻石相似度高，它迅速取代了其他的钻石仿制品。

合成立方氧化锆，英文名称Synthetic Cubic Zircon，化学成分为二氧化硅（ZrO_2），高级晶族，等轴晶系，亚金刚光泽，无解理，摩氏硬度为8.5，密度为5.89g/cm³，折射率2.150，均质体（图80）。

c) 合成刚玉

20世纪初，随着维尔纳叶（Verneuil）发明用焰熔法生长晶体的成功，焰熔法合成无色蓝宝石称为最早用来仿冒钻石的合成宝石之一，另外一个是焰熔法合成无色尖晶石，它们于20世纪初见于珠宝市场，并称为"Diamondite"。

合成刚玉，英文名称Synthetic Corundum，化学成分为氧化铝（Al_2O_3），中级晶族，三方晶系，强玻璃光泽，无解理，可见裂理，摩氏硬度为9，密度为4.00g/cm³，折射率1.762-1.770，双折射率0.008-0.010，非均质体，一轴晶，负光性（图81）。

d) 合成尖晶石

1908年L.帕里斯在用焰熔法合成蓝宝石的过程中，使用Co_2O_3作致色剂，MgO作熔剂，偶然得到了合成尖晶石。合成无色尖晶石由于其玻璃光泽和硬度，无色合成尖晶石粗看和钻石十分类似。

合成尖晶石，英文名称Synthetic Spinel，化学成分为镁铝氧化物（$MgAl_2O_4$），高级晶族，等轴晶系，玻璃光泽，无解理，摩氏硬度为8，密度为3.64g/cm³，折射率1.728，均质体（图82）。

e) 合成金红石

1947年，焰熔法合成的金红石问世。合成金红石具有很高的折射率和色散率，切磨抛光后，具有极强的火彩，与钻石外观极为相似。

合成金红石，英文名称Synthetic Rutile，化学成分为氧化钛（TiO_2），中级晶族，四方晶系，亚金刚到金刚光泽，不完全解理，摩氏硬度为6-7，密度为4.26g/cm³，折射率2.616-2.903，非均质体，一轴晶，正光性（图83）。

图 80 合成立方氧化锆

图 81 合成刚玉

图 82 合成尖晶石

图 83 合成金红石

f) 玻璃

玻璃是万能的仿制品，4000 年前的美索不达米亚和古埃及的遗迹里曾有小玻璃珠的出土。大约在 4 世纪，古罗马人开始把玻璃应用在门窗上，到 1291 年，意大利的玻璃制造技术已经非常发达。公元 12 世纪，出现了商品玻璃，并开始成为工业材料。1688 年，一名叫纳夫的人发明了制作大块玻璃的工艺，从此，玻璃成了普通的物品。18 世纪，为适应制望远镜的需要，制出光学玻璃。1874 年，比利时首先制出平板玻璃。1906 年，美国制出平板玻璃引上机，此后，随着玻璃生产的工业化和规模化，各种用途和各种性能的玻璃相继问世。现代，玻璃已成为日常生活、生产和科学技术领域的重要材料。

玻璃，英文名称 Glass-artificial product，化学成分二氧化硅（SiO_2），非晶体，玻璃光泽，无解理，摩氏硬度为 5-6，密度为 2.30-4.50g/cm³，折射率 1.470-1.700（含稀土元素玻璃 1.800），均质体（图 84）。

g) 人造钇铝榴石

1960 年，人造钇铝榴石出现于市场，由于其与钻石相似度高，迅速成为当时常见的钻石仿制品。钇铝榴石是用助熔剂法或提拉法生产的人造晶体，用于首饰的钇铝榴石多采用生产成本较低的提拉法。

人造钇铝榴石，英文名称 YAG（Yttrium Aluminum Garnet-artificial product），化学成分 $Y_3Al_5O_{12}$，高级晶族，等轴晶系，玻璃光泽 - 亚金刚光泽，无解理，摩氏硬度为 8，密度为 4.50-4.60g/cm³，折射率 1.833，均质体（图 85）。

另一些与人造钇铝榴石相似的材料，例如人造氧化钇（Y_2O_3）、人造铝酸钇（$YAlO_3$）和人造铌酸锂（$LiNbO_3$）等，也都有很高的折射率和色散率，与钻石接近。但这些材料都是双折射的，有的硬度也较低，很少用做仿钻。

h) 人造钆镓榴石

一种提拉法生产的人造晶体，切磨成圆明亮式琢型之后，具有与钻石相似的外观，钆镓榴石在紫外光的照射下，会变成褐色，并产生雪花状的白色内含物。这种现象会由阳光中所含的紫外光所诱发，这成为其用来仿钻的一项不利因素。

人造钆镓榴石，英文名称 GGG（Gadolinium Gallium Garnet -artificial product），化学成分 $Gd_3Ga_5O_{12}$，高级晶族，等轴晶系，玻璃光泽 - 亚金刚光泽，无解理，摩氏硬度为 6-7，密度为 7.05g/cm³，折射率 1.970，均质体（图 86）。

i) 人造钛酸锶

1953 年用"彩光石"（Fabulit）的品名见于市场的钛酸锶是一种折射率与色散率都很高的材料。切磨之后，其外观比合成金红石更像钻石。

人造钛酸锶，英文名称 Strontium Titanatet-artificial product，化学成分为钛酸锶（$SrTiO_3$），高级晶族，等轴晶系，玻璃光泽到亚金刚光泽，无解理，摩氏硬度为 5-6，密度为 5.13g/cm³，折射率 2.409，均质体（图 87）。

图 84 玻璃

图 85 人造钇铝榴石

图 86 人造钆镓榴石

图 87 人造钛酸锶

2. 常见钻石仿制品基本性质小结

钻石常见仿制品性质如表 7 所示。

表 7 常见仿钻基本性质表

宝石名称	英文名称	化学成份	晶系	光性	折射率 / 双折率	色散	密度	硬度
钻石	Diamond	C	等轴晶系	均质体	2.417	0.044	3.521	10
锆石	Zircon	$ZrSiO_4$	四方晶系	非均质体 一轴晶	1.93–1.99 /0.059	0.038	4.60	7.5
水晶	Quartz	SiO_2	三方晶系	非均质体 一轴晶	1.544–1.553 /0.009	0.013	2.65	7
托帕石（黄玉）	Topaz	$Al_2SiO_4(F,OH)_2$	斜方晶系	非均质体 二轴晶	1.619–1.627 /0.010	0.014	3.53	8
绿柱石	Beryl	$Be_3Al_2(SiO_3)_6$	六方晶系	非均质体 一轴晶	1.577–1.583 /0.009	0.014	2.72	7.5
合成碳化硅	Synthetic Moissanite	SiC	六方晶系	非均质体 一轴晶	2.648–2.691 /0.043	0.104	3.22（±0.02）	9.25
合成立方氧化锆	CZ（Cubic Zirconia）	ZrO_2	等轴晶系	均质体	2.15（±0.03）	0.060	5.80（±0.2）	8.5
合成刚玉	Corundum	Al_2O_3	三方晶系	非均质体 一轴晶	1.761–1.770 /0.009	0.018	4.00	9
合成尖晶石	Synthetic Spinel	$MgAl_2O_4$	等轴晶系	均质体	1.727	0.020	3.63	8
玻璃	Paste	SiO_2	非晶体	均质体	1.470–1.700	0.008–0.031	2.30–4.50	5–6

三、钻石仿制品的鉴别要点

合成立方氧化锆、人造钛酸锶、人造钆镓榴石、人造钇铝榴石、合成金红石、合成刚玉、合成尖晶石和玻璃等都是钻石的仿制品。但是它们与钻石相比，都有明显的不同，容易被识别出来。如人造钛酸锶和合成金红石的色散（火彩）太强，硬度低；而合成刚玉、合成尖晶石和人造钇铝榴石的色散较弱，火彩不足，有些可用折射仪测出它们的折射率；玻璃的硬度低，通常含有气泡和旋涡纹；人造钆镓榴石和合成立方氧化锆的比重非常大。此外，这些仿制品的导热性与钻石有明显的差异，用热导仪可方便快捷地鉴别出来。

1. 肉眼观察

（1）光泽

由于具有高折射率值，加工后的钻石呈现金刚光泽，而大部分钻石仿制品由于折射率较低，通常呈现强玻璃到玻璃光泽（图88、图89）。

（2）火彩

钻石的高折射率值和高色散值导致钻石具有一种特殊的"火彩"，特别是切割完美的钻石。有经验的人，即可通过识别这种特殊的"火彩"来区分钻石和仿制品。（图90-图93）

需要说明的是一些仿制品，如合成立方氧化锆、人造钛酸锶等，由于它们的某些物理性质参数比较接近钻石，亦可出现类似于钻石的"火彩"。仿制品所表现出的"火彩"不是太弱就是太强，在鉴定时应细心区别。

图88 仿钻（合成立方氧化锆）的亚金刚光泽（左）和钻石的金刚光泽（右）对比，钻石反光能力较强，几乎看不到亭部刻面，合成立方氧化锆相反

图89 仿钻（合成尖晶石）的玻璃光泽（左）和钻石的金刚光泽（右）对比

图90 钻石的火彩（钻石色散值0.044）

图91 合成立方氧化锆的火彩（合成立方氧化锆色散值0.060）

图92 合成碳化硅的火彩（合成碳化硅色散值0.104）

图93 合成尖晶石的火彩（合成尖晶石色散值0.020）

（3）透过率（线条试验）

将标准圆钻型切工的样品台面向下放在一张有线条的纸上，如果是钻石则看不到纸上的线条（图94），否则为钻石的仿制品（图95）。这是因为在一般情况下，圆钻型切工钻石的设计就是让所有由冠部射入钻石内部的光线，通过折射与全内反射，最后由冠部射出，几乎没有光能够通过亭部刻面，因此就看不到纸上线条。但是应该注意的是，其他宝石通过特殊的设计加工，也都有可能达到同样的效果（图96）。而对于切工比率差的钻石或者异形钻石（图97）有时也可能看到线条。

（4）亲油疏水性试验

钻石具有独特的亲油疏水性，具体表现为两个方面。

a) 油笔划线

当用油性笔在钻石表面划过时可留下清晰而连续的线条，相反，当划过钻石仿制品表面时墨水常常会聚成一个个小液滴，不能出现连续的线条。

b) 托水性试验

充分清洗样品，将小水滴点在样品上，如果水滴能在样品的表面保持很长时间，则说明该样品为钻石，如果水滴很快散布开，则说明样品为钻石的仿制品。

（5）呵气试验

钻石的导热性极强，对着钻石呵气，表面的水汽迅速冷凝，形成一层薄薄的雾气。观察钻石颜色时，这一性质常用来避免反射光的干扰，有效提高分级准确性。

（6）"闪烁"色观察

用镊子或宝石夹将宝石亭部朝上放在显微镜架子边缘，用暗场照明，前后轻轻摇动宝石并观察来自亭部刻面的色散"闪烁"色。钻石及常见仿制品的"闪烁"色分别是：钻石（图98），大致为橙色、蓝色；合成立方氧化锆（图99），主要是橙色闪烁；人造钛酸锶，呈多种光谱色；人造钇铝榴石，主要是蓝色和紫色；人造钆镓榴石，同钻石"闪烁"色。

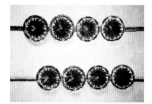
图94 钻石不可见线条

图95 仿钻可见线条

图96 所有样品均为仿钻，部分仿钻中不可见线条现象

图97 异形钻石可见线条

图98 钻石的闪烁（钻石色散值0.044）

图99 合成立方氧化锆的闪烁（合成立方氧化锆色散值0.060）

2.10× 放大观察

10× 放大镜是鉴定钻石的一个很重要的工具，鉴定人员完全可以凭借 10× 放大镜来完成钻石的鉴定和"4C"分级（图 100）。

显微镜（图 101）与 10× 放大镜作用基本相同，所不同的是显微镜的视域、景深和照明条件均优于放大镜。显微镜通常只在实验室中使用，对高净度级别的钻石，使用显微镜观察是十分必要的。

（1）切磨特征观察

钻石是一种贵重的高档宝石，其切磨质量要求很高，而钻石的仿制品相对价格低廉，切磨质量往往较低，不易与钻石混淆。

a) 刻面特征

通常钻石成品刻面平滑，很少出现大量的"抛光纹"等，同种刻面形状差异、大小差异较低、总体的切磨比率较好。而仿钻表面经常出现各种抛磨痕迹（图 102），同种刻面形状差异、大小差异明显，切磨比率较差（图 103），破损（图 104）等现象，但是也有例外（图 105）。

b) 棱线特征

由于钻石的摩氏硬度最高，两个面相交的刻面棱纤细、尖锐、锋利（图 106），而钻石仿制品由于摩氏硬度较低，呈现明显圆滑、圆钝的棱线（图 107），常常磨损严重（图 108、图 109）。

图 100　10× 放大镜和镊子配合使用姿势

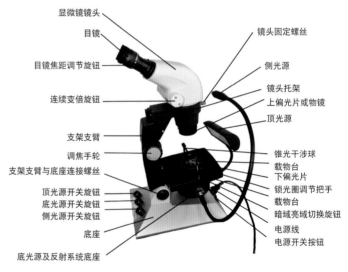

图 101　宝石显微镜及其各部分结构名称

图 102　仿钻（左：托帕石）刻面磨损痕迹与钻石（右）对比

图 103　仿钻（合成立方氧化锆）同种刻面形状差异大

图 104　仿钻（合成碳化硅）贝壳状断口

图 105　合成碳化硅切工比率良好，同种刻面等大

c) 交点特征

这里的交点是指三个或三个以上面的交汇点，钻石一般切工较好，比率适中，修饰度好，很少出现大量的"尖点不尖"、"尖点不齐"等修饰度问题，而仿钻通常会出现大量"尖点不尖"、"尖点不齐"等由交汇尖点引发的修饰度问题（图110），但是也有例外（图111）。

d) 腰棱特征

由于钻石硬度很大，在加工时绝大多数钻石的腰部不抛光而保留粗面。这种粗糙而均匀的面呈毛玻璃状，又称"砂糖状"。而钻石的仿制品由于硬度小，虽然腰部亦都不精抛光，但在粗面上仍可保留打磨时的痕迹，如可见平行排列的抛光磨痕等（图112）。

此外钻石在切磨过程中，为了保留重量，常在某些钻石的腰棱及其附近可见原始晶体的晶面（图113）和三角座等天然生长痕迹、胡须（粗磨过分，小的初始解理从腰棱向里延伸而形成）以及V形破口等。

图106 仿钻（左：合成尖晶石）圆钝棱线与钻石（右）锋利棱线对比

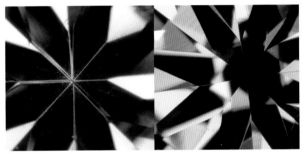

图107 仿钻（左：合成尖晶石）亭尖附近磨损的棱线与钻石（右）棱线对比

图108 钻石台面刻面棱线完好

图109 仿钻（合成立方氧化锆）台面刻面棱线有破损

图110 仿钻（合成立方氧化锆）中的尖点未对齐现象

图111 仿钻（合成碳化硅）中尖点全部对齐现象

图112 钻石（"砂糖状"粗磨腰）

图113 仿钻（合成立方氧化锆抛光腰棱可见细微垂直纵纹，且腰棱上下边界有不均匀破损现象）

（2）内含物特征观察

用内含物区分钻石和仿钻，主要从重影现象、内部包裹体、生长结构三个方面观察。

a) 重影现象观察

钻石是均质体，不可见重影现象（图114），对于非均质体的仿钻，放大观察中常见重影现象（图115），例如合成碳化硅、合成金红石、锆石等。

b) 内部包裹体观察

钻石内部常含晶体包裹体，晶体包裹体类型有磁铁矿、赤铁矿、金刚石、透辉石、顽火辉石、石榴子石、橄榄石、锆石和石英等，钻石中晶体常被应力裂隙所环绕，可见铁染的裂隙和含黑色薄膜的裂隙和云状物等（图116、图117）；而部分人造仿制品则内部通常比较干净，偶尔可见含有圆形气泡、大量平行针状包裹体（图118、图119）等。这是钻石与其他人工仿制品的根本区别。

c) 生长结构现象观察

实际观察中，钻石在表面或内部可见一些平行的生长纹路，在腰棱打圆过程中，出于保重的目的可见天然晶面留下的痕迹，包括各种溶蚀凹坑（图120）、三角座等，而仿钻中生长纹和腰围的溶蚀凹坑基本不可见（图121）。

图114 钻石

图115 仿钻（合成金红石）的重影现象

图116 钻石（晶体包裹体）

图117 仿钻（合成碳化硅针状包裹体）

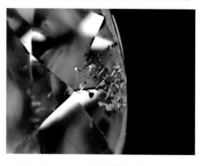

图118 钻石（铁浸染的黄色裂隙）

图119 仿钻（托帕石的气液固三相包裹体）

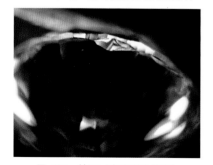

图120 钻石（内凹原始晶面）

图121 仿钻

3. 宝石实验室常规仪器鉴别

钻石和仿钻由于物理性质参数不同，在宝石实验室常规仪器检测下较易区分。

（1）折射率检测

钻石为 2.417，超出折射仪测试范围，除个别折射率超过 1.78 的仿钻外，绝大部分仿钻可测试出折射率，折射率可有效区分大部分钻石与仿制品。

（2）光性检测

钻石为均质体宝石（图 122），而水晶、锆石、无色蓝宝石、托帕石、合成碳化硅及白钨矿等均为非均质体（图 123），用偏光镜很容易将它们区分开来（表 8），但应注意钻石的异常消光（图 124）、假消光及高射率材料切磨成标准圆钻型后全亮现象（图 125）。

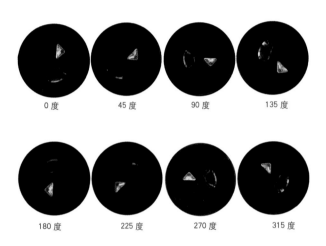

图 122　均质体在正交偏光镜下转动 8 个方向的全暗现象（蓝色为均质体宝石的全暗现象，黄色为高折射率材料人造钇铝榴石的全亮现象）

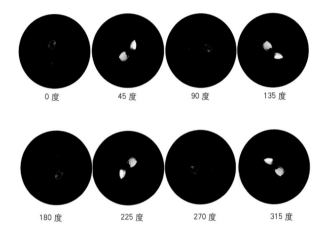

图 123　非均质体在正交偏光镜下转动 8 个方向的四明四暗现象

图 124　均质体在正交偏光镜下的异常消光现象

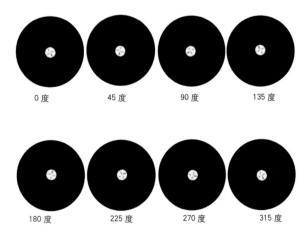

图 125　标准圆钻型高射率材料正交偏光镜下转动 8 个方向全亮现象（合成立方氧化锆）

表 8 钻石与仿钻光性对照表

序号	宝石名称	晶系	光性
1	钻石	等轴晶系	均质体
2	锆石	四方晶系	非均质体，一轴晶
3	水晶	三方晶系	非均质体，一轴晶
4	托帕石（黄玉）	斜方晶系	非均质体，二轴晶
5	绿柱石	六方晶系	非均质体，一轴晶
6	合成碳化硅	六方晶系	非均质体，一轴晶
7	合成立方氧化锆	等轴晶系	均质体
8	合成刚玉	三方晶系	非均质体，一轴晶
9	合成尖晶石	等轴晶系	均质体
10	玻璃	非晶体	均质体

（3）发光性检测

这里的发光性是指在紫外荧光长波紫外线照射下钻石的发光性，绝大部分钻石该条件下发出的是强弱不等的蓝–白色荧光；有些钻石不发荧光（图 126- 图 128），但是仿钻的发光性较为稳定（表 9）（图 129- 图 131）。

钻石的荧光差异性在检测照射首饰时是非常有用的方法，若同种能量照射下，待测疑似钻石样品出现荧光的强度和色调不一的情况，则表明被检测样品是钻石的概率很高。

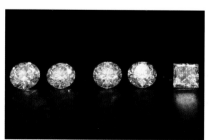

图 126 自然光下钻石

图 127 长波紫外光（LW）下钻石发光性

图 128 短波紫外光（SW）下钻石发光性

图 129　自然光下的仿钻

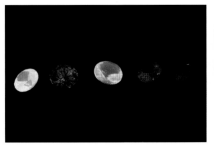

图 130　仿钻长波紫外光下发光性

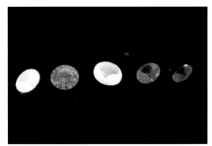

图 131　仿钻短波紫外光下发光性

表 9　钻石与仿制品发光性对照表

序号	宝石名称	发光性	
		长波 LW	短波 SW
1	钻石	以实际观察为准	
2	锆石	无	强到中，褐黄色
3	水晶	无	无
4	托帕石（黄玉）	无	无
5	绿柱石	无	无
6	合成碳化硅	无	无
7	合成立方氧化锆	无	弱，黄色
8	合成刚玉	无	中，浅蓝绿色
9	合成尖晶石	无	中，蓝绿色
10	玻璃	无	强，蓝白色

（4）相对密度检测

对于未镶嵌的裸钻和毛坯，相对密度测量也是鉴别钻石真伪的有效手段，相对密度的测量可采用静水称重法，建议用四氯化碳或酒精作为介质，以使测量值更精确。也可以利用二碘甲烷比重液进行测试。

（5）吸收光谱检测

天然产出的钻石绝大多数是 Ia 型（约占 98%），由 N 致色，这类钻石在 415.5nm 处有一吸收线，因此，使用分光镜观测 415.5nm 吸收线对于钻石的鉴定，特别是对于区分钻石与合成钻石十分有效。由于 415.5nm

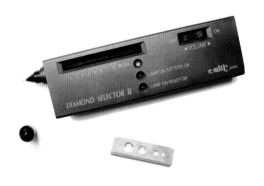
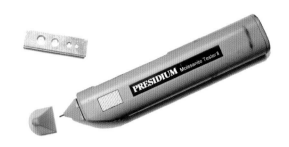

图 132　钻石热导仪（左）和合成碳化硅检测仪（右）

吸收线位于紫区，普通的分光镜分辨率较低，又靠近谱图端缘，所以不易被观察到。

随着科技的不断发展，人们已能够采用 U—V 紫外分光光度计并应用低温技术准确测量钻石的吸收光谱。1996 年 De Beers 的研究部门推出的 Diamond Sure 仪器，用于天然钻石和合成钻石的鉴别，该仪器采用分光光度计的原理，专门测量样品是否具有 415.5nm 吸收线，无色——黄色系列（白色到淡黄色）钻石：紫区（415.5nm）处有一强吸收带。目前国内也有类似的光纤光谱仪（广州标旗 GEM-3000 和深圳飞博尔 FUV-5000）用于检测钻石吸收光谱（图 26）。

（6）导热性检测

这是以前鉴别钻石最有效且常用的鉴别工具。不论被检测对象的大小、镶嵌与否、切磨宝石或原石均可进行。但自从合成碳化硅出现以来，热导仪测试后必须用合成碳化硅仪验证（图 132）。

（7）导电性检测

钻石具有导电性，可能原因有两个，一种可能性是钻石为 IIb 型，第二种可能性是钻石内部含有金属包裹体。而仿钻大部分内部干净且为绝缘体，较易与 IIb 型钻石和含有金属包裹体的钻石区分。

（8）X- 射线透射

钻石具有低原子量，X- 射线能轻易地穿透碳原子，而钻石的仿制品多数是由大原子量的原子组成，如立方氧化锆原子量是钻石的 6 倍多，能吸收 X- 射线。钻石的这一特性可用于它和其它仿制品的鉴别，测试方法是在一个有 X- 射线源的实验室内，将被测宝石放在摄影胶片上，用 X- 射线照射，钻石会让 X- 射线透过并使胶片曝光，而仿制品则吸收 X- 射线，其下的胶片未曝光（图 133）。

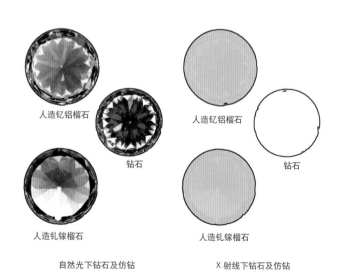

人造钇铝榴石　钻石　人造钇铝榴石　钻石

人造钆镓榴石　人造钆镓榴石

自然光下钻石及仿钻　　　X 射线下钻石及仿钻

图 133　钻石和仿钻 X 射线下现象

4. 钻石与仿制品鉴别流程

（1）钻石与仿制品鉴别流程

　　钻石与钻石仿制品鉴别所涉及的仪器多种多样，鉴定思路也不尽相同，因此可以根据鉴定方式设计出多样化的鉴定流程（图 134、图 135）。

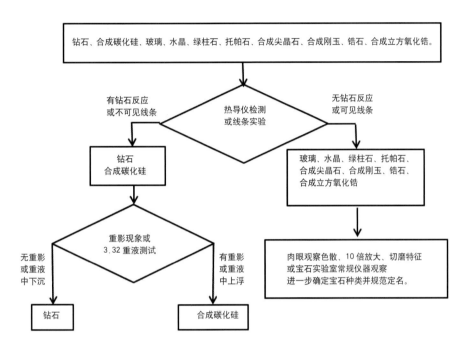

图 134　鉴定方案一及其步骤

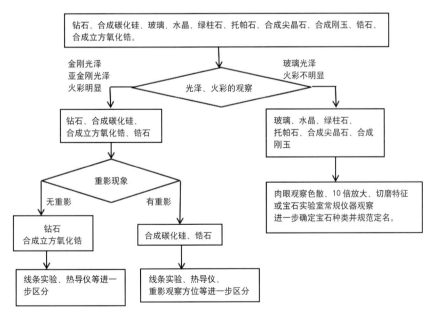

图 135　鉴定方案二及其步骤

（2）流程观察要点说明

a) 肉眼及放大观察

观察流程，肉眼及放大观察要点见表 10。

表 10 钻石及仿制品肉眼观察要点小结表

仿钻种类	色散	10 倍放大	其他特征
玻璃	不明显	无重影	切磨比率差，修饰度差
水晶	不明显	重影不明显	切磨比率差，修饰度差
绿柱石	不明显	重影不明显	切磨比率差，修饰度差
托帕石	不明显	重影不明显	切磨比率差，修饰度差
合成尖晶石	不明显	无重影	切磨比率差，修饰度差
合成刚玉	不明显	重影不明显	切磨比率差，修饰度差
锆石	明显	重影明显	刻面棱磨损严重、切磨比率差，修饰度差
合成立方氧化锆	明显	无重影	刻面切磨标准，但部分棱线有磨损，底尖破损，体色极白
合成碳化硅	明显	重影明显	刻面切磨标准，体色通透
钻石	明显	无重影	刻面切磨标准，少数样品可见底尖破损

b) 宝石实验室常规仪器检测

观察流程，宝石实验室常规仪器检测要点见表 11。

表 11 钻石及仿钻宝石实验室常规仪器观察要点小结表

仿钻种类	折射率	双折射率	偏光镜下现象
玻璃	1.50–1.70	—	全暗或异常消光
水晶	1.544–1.553	0.009	四明四暗
绿柱石	1.577–1.583	0.009	四明四暗
托帕石	1.619–1.627	0.010	四明四暗
合成尖晶石	1.727	—	全暗或异常消光
合成刚玉	1.761–1.770	0.009	四明四暗
锆石	1.93–1.99	0.059	四明四暗
合成立方氧化锆	2.150	—	全暗或异常消光
合成碳化硅	2.648–2.691	0.043	四明四暗
钻石	2.417	—	全暗或异常消光

四、仿宝石的定名规则

1. 仿宝石定义

仿宝石，用于模仿某一种天然珠宝玉石的颜色、特殊光学效应等外观特征的珠宝玉石或其它材料。不代表珠宝玉石的具体类别。

2. 仿宝石定名规则

使用"仿某种珠宝玉石"表示珠宝玉石名称时，意味着该珠宝玉石不是所仿的珠宝玉石（如："仿钻石"不是钻石）。所用的材料有多种可能性（如："仿钻石"可能是玻璃、合成立方氧化锆或水晶等）。

仿宝石定名规则应为：在所模仿的天然珠宝玉石基本名称前加"仿"字；确定具体仿珠宝玉石名称时应遵循本标准规定的所有定名规则；应尽量确定具体珠宝玉石名称，且采用下列表示方式，如："玻璃"或"仿钻石（玻璃）"等；"仿宝石"一词不应单独作为珠宝玉石名称。

课后阅读：宝石内含物

1. 内含物定义

宝石内含物属于广义包裹体范畴，包裹体的概念来源于矿物学。宝石学中内含物既包括狭义包裹体的概念，即指宝石矿物生长过程中被包裹在晶格缺陷中的原始成矿熔浆，其至今仍存在于宝石矿物中，并与主体矿物有相的界线。也包括宝石的结构特征和物理特性的差异现象，如带状结构、色带、双晶、断口和解理，以及与内部结构有关的表面特征及光学假象等，如锆石后刻面棱重影现象。

2. 内含物分类

本书中内含物的分类遵循传统矿物学中包裹体分类。

（1）按形成时间分类

依据包体与宝石形成的相对时间，可将包体分为原生包体、同生包体和次生包体。

原生包体是指比宝石形成更早，在宝石形成之前就已结晶或存在的一些物质，在宝石晶体形成过程中被包裹到宝石内部。它可以与寄主矿物同种，也可以不同。合成宝石一般不存在原生包体，但对于有种晶的一些合成宝石而言，其种晶可视为一种原生包体。

同生包体是指在宝石生成的同时所形成的包体，此类包体可以是单一相态的，也可呈固、液、气两相或三相混合态，甚至空洞或裂隙等，还可以是导致分带性的化学组分变化所形成的色带、幻晶等。

次生包裹体，是指宝石形成后产生的包体，它是宝石晶体形成后由于环境的变化，如受应力作用产生裂隙，外来物质沿其渗入及裂隙充填所形成的包体，甚至可能是由于放射性元素的破坏作用所形成的包体，如蓝宝石中的锆石晕。

（2）按包裹体相态分类

根据包体的相态特征，可将包体分为固相包体、液相包体、气相包体。

固相包体主要指在宝石中呈固相存在的包体，如钻石中的石榴石晶体等。

液相包体指单相、两相的流体为主的包体，例如蓝宝石中的指纹状包体、萤石和黄玉中的两相不混溶的液态包体等。

气相包体指主要由气体组成的包体，如玻璃中的气泡等。

在实际宝石中，往往可见到两相或三相包体共存的现象。

第四节　合成钻石的鉴别

1953 年人合成钻石首次在瑞士 ASEA 公司试制获得成功，随后 1954 年美国通用公司合成钻石成功。1970 年美国 GE 公司首次合成出宝石级钻石，但其颜色呈黄色，1988 年英国戴比尔斯公司人工合成了重达 14ct 浅黄色、大颗粒、透明的宝石级金刚石呈八面体歪晶。

2015 年 5 月 22 日——IGI 香港实验室鉴定了世界上最大的无色 HPHT 合成钻石，该合成钻石重达 10.02 克拉，采用方形祖母绿形切工。该钻石是由一颗创纪录的 32.26 克拉 HTHP 合成钻石毛坯打磨而成。

2016 年早期曾有 2 粒超过 3 克拉的样品作为当时最大的 CVD 合成品见诸报道。GIA 最近检测到了一粒 CVD 合成钻石重量超过 5ct，这是里程碑式的跨越。这粒 5.19ct 的样品为改良的方垫形明亮式琢型，粒径 10.04×9.44×6.18 mm，被送到 GIA 香港实验室要求进行分级。

合成钻石方法到目前为止，已知有三种：

静压法：包括静压触媒法、静压直接转变法、种晶触媒法；

动力法：包括爆炸法、液中放电法、直接转变六方钻石法；

在亚稳定区域内生长钻石的方法包括气相法、液相外延生长法、气液固相外延生长法、常压高温合成法。

目前，合成宝石级钻石主要方法是静压法（属于高温超高压法），又称为 HTHP 法，可分为 BELT 法和 BARS 法）和化学气相沉淀法（CVD 法）（图 136、图 137）。

一、HTHP 合成钻石的鉴别

宝石级合成钻石主要采用 BARS 压力机生产，该方法成本低、体积小，但每次只能合成一颗钻石。BELT 压带机体积大、成本高，一次可合成多颗钻石，多用于生产工业钻石。目前首饰用合成钻石的主要生产国有俄罗斯、乌克兰、美国、中国等国家。我国山东、河南等地近年也大规模合成钻石，早期以 HTHP 合成钻石为主，近两年 CVD 合成钻石工艺也取得重大进展。

钻石和石墨都是碳元素（C）组成，但是两者结构不同（图 138）。钻石具有立方面心格子构造（图 139）。石墨层内碳原子以共价键相结合；层与层之间碳原子以分子键结合。二者由于结构不同，导致其在晶体形态、物理化学性质等方面有很大的差异。HTHP 合

图 136　天然钻石晶体（左）和高温高压合成钻石晶体（右）

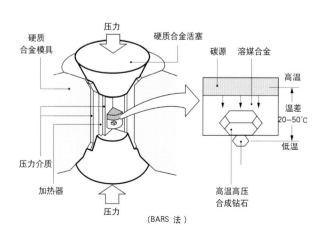

图 137　高温高压法合成钻石示意图

成钻石主要利用了钻石和石墨为同质多像变体的特点，但可以在高温高压条件下将石墨向钻石晶体结构转化。

HTHP 合成钻石其主要物理、化学性质与天然钻石类似，其主要区别在以下几个方面：

1.肉眼鉴别

（1）颜色

大多数 HTHP 合成钻石以黄色、褐黄色、褐色为主，价格很有竞争力，可以作为同种天然彩钻的替代品。而蓝色和近无色等颜色的合成钻石由于技术难度大，成本高，市面流通较少。

（2）结晶习性

高温高压法合成钻石的晶体（图 140）多为八面体 {111} 与立方体 {100} 的聚形（图 141），晶形完整。晶面上常出现不同于天然钻石表面特征的树枝状、蕨叶状、阶梯状等图案，并常可见到种晶。由于在合成钻石中形成多种生长区，不同生长区中所含氮和其他杂质含量不同，会导致折射率的轻微变化，在显微镜下可观察到生长纹理及不同生长区的颜色差异。

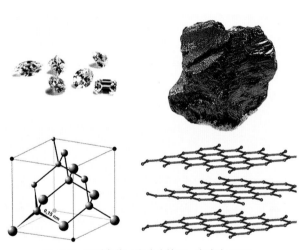

图 138　同质多像（左边为钻石，右边为石墨）

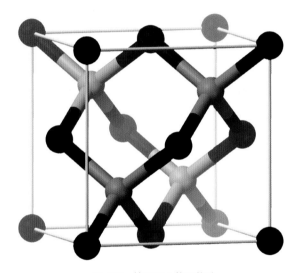

图 139　钻石面心格子构造

图 140　高温高压合成钻石晶体

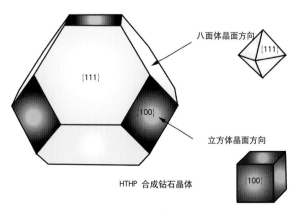

图 141　高温高压合成钻石晶体聚形分解素描图

2. 宝石实验室常规仪器鉴别

（1）光性

在正交偏光下观察，天然钻石常具弱到强的异常双折射，干涉色颜色多样，多种干涉色聚集形成镶嵌图案。而HTHP合成钻石异常双折射很弱，干涉色变化不明显。

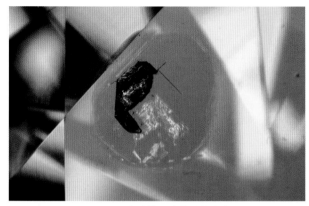

图 142　HTHP 合成钻石中的铁镍合金包体

图 143　HTHP 合成钻石中的种晶

图 144　HTHP 合成钻石沙漏状生长结构

（2）吸收光谱

无色——浅黄色天然钻石具Cape线，即在415.5nm、452nm、465nm和478nm的吸收线，特别是415.5nm吸收线的存在是指示无色到浅黄色钻石为天然钻石的确切证据。HTHP合成钻石则缺失415.5nm吸收线。

（3）内含物特征

HTHP合成钻石内常可见到细小的铁或镍铁合金触媒金属包体（图142）、种晶（图143）和色带（图144），净度以P、SI级为主，个别可达VS级甚至VVS级。

金属包裹体，一般呈长圆型、角状、棒状、棒状平行晶棱或沿内部生长区分界线定向排列，或呈十分细小的微粒状散布于整个晶体中，在反光条件下这些金属包体可见金属光泽，因此部分合成钻石可具有磁性。色带一般呈现不规则形状、沙漏形等。

（4）发光性

HTHP合成钻石在长波紫外线下荧光常呈惰性，而在短波紫外光下因受自身不同生长区的限制，其发光性图案具有明显的分带现象（图145-图148），为无至中的淡黄色、橙黄色、绿黄色不均匀的荧光，局部可有磷光，使用Diamond View的仪器可进行有效观察。

此外，针对国内市场大量出现的天然钻石厘石中混入部分HTHP合成钻石，给检测带来极大困难，进而开发出针对钻石荧光和磷光进行快速筛选厘石的仪器，有效解决这一问题，如广州标旗GLIS-3000钻石荧光磷光检测仪（图149）、南京宝光GV-5000钻石荧光磷光检测仪等（图150）。

HTHP合成钻石的不同生长区因所接受的杂质成分（如N）的含量不同，而导致在阴极发光或超短波紫外线下显示不同颜色和不同生长纹等特征。这些生长结构的差别导致天然钻石和合成钻石在阴极发光下具有截然不同的特征，具体见表12。

图 145　Diamond View 下 HTHP 合成钻石荧光特征

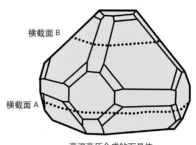

横截面 B

横截面 A

高温高压合成钻石晶体

垂直横截面 B 可能见到钻石荧光图案

图 146　Diamond View 下 HTHP 合成钻石荧光特征

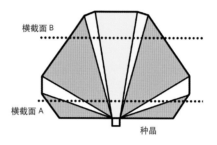

横截面 B

横截面 A

种晶

黄色部分越深代表该区域 N 原子含量越高

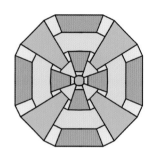

垂直横截面 A 可能见到钻石荧光图案

图 148　高温高压合成钻石荧光图案分析

图 147　Diamond View 下 HTHP 合成钻石荧光特征

图 149　广州标旗 GLIS-3000 钻石荧光磷光检测仪

图 150　南京宝光 GV-5000 钻石荧光磷光检测仪

表 12 天然钻石与 HTHP 合成钻石发光性对比

发光性	天然钻石	高温高压合成钻石
荧光颜色及形态	天然钻石通常显示相对均匀的蓝色——灰蓝色荧光，有些情况下可见小块黄色和蓝白发光区，但这些发光区形态极不规则，不受某个生长区控制，分布也无规律性。	HTHP 合成钻石不同的生长区发出不同颜色的光，通常显示占绝对优势的黄——黄绿色光，并且具有和生长区形态一致的、规则的几何图形： 八面体生长区发黄绿色光，分布于晶体四个角顶，对称分布，呈十字交叉状； 立方体生长区发黄色光，位于晶体中心（即八面体区十字交叉点）呈正方形； 菱形十二面体生长区位于相邻八面体与立方体生长区之间，呈蓝色的长方形。
生长纹荧光	天然钻石的生长纹不发育，如果出现的话，通常表现为长方形或规则的环状（极少数情况下，生长纹非常复杂）。	HTHP 合成钻石生长纹发育，但生长纹的特征因生长区而异； 八面体生长区通常发育平直的生长纹，并可有褐红色针状包体伴生（仅在阴极发光下可见）； 立方体生长区没有生长纹，但有时见黑十字包体； 四角三八面体生长区边部发育平直生长纹。

二、CVD 合成钻石的鉴别

CVD 钻石合成技术出现于 1952 年，方法有微波等离子法、热丝法、火焰法、等离子喷射法。在低压环境下可以在硅或金属基底上合成多晶 CVD 钻石材料（在工业上应用广泛），也可以在单晶钻石基底上合成单晶 CVD 钻石（图 151）。

CVD 合成钻石的鉴别可从结晶习性、内含物、异常双折射、色带等几个方面进行鉴别。

1. 肉眼鉴别

（1）颜色

多为暗褐色和浅褐色，也可以生长近无色和蓝色的产品。

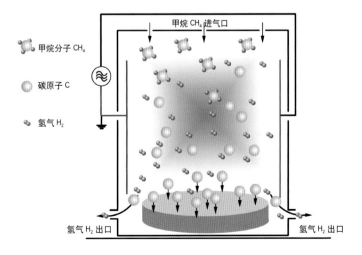

图 151 CVD 法合成钻石示意图

（2）结晶习性

结晶习性：CVD 合成钻石呈板状（图 152），(111) 和 (110) 面不发育（图 153），而 HTHP 合成钻石则（111）和（110）面发育；天然钻石常呈八面体晶形或菱形十二面体及其聚形，晶面有溶蚀现象。

2. 宝石实验室常规仪器鉴别

（1）光性

CVD 合成钻石有强烈的异常消光，不同方向上的消光也有所不同（图 154- 图 157）。

（2）吸收光谱

具有 575nm，637nm 强吸收线。

（3）内含物特征

白色云雾状、黑色包体，一般内部较为干净，可达到 VS 或 VVS 级。

（4）发光性

在长短波紫外线的照射下，CVD 合成钻石通常有弱的橘黄色荧光。另外还可根据红外光谱、X 射线形貌 图、Diamond Sure、Diamond View（图 158、图 159）等仪器进行鉴别。

图 152　CVD 法合成钻石晶体

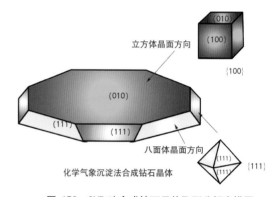

图 153　CVD 法合成钻石晶体聚形分解素描图

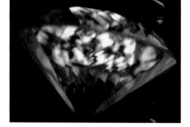

图 154　CVD 钻石的异常消光

图 155　CVD 钻石的异常消光

图 156　CVD 钻石的异常消光

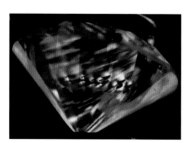

图 157　CVD 钻石的异常消光

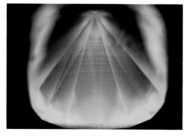

图 158　CVD 法合成钻石 Diamond View 下荧光特征

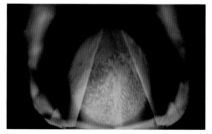

图 159　CVD 法合成钻石 Diamond View 下荧光特征

三、拼合处理钻石的鉴别

拼合钻石是由钻石（作为顶层）与廉价的水晶或合成无色蓝宝石等（作为底层）粘合而成，粘合技术非常高，可将其镶嵌在首饰上，将粘合缝隐藏起来，使人不容易发现。在这种宝石台面上放置一个小针尖，就会看到两个反射像，一个来自台面，另一个来自接合面，而天然钻石不会出现这种现象。仔细观察，无论什么方向，天然钻石都因其反光闪烁，不可能被看穿。而钻石拼合石就不同，因为其下部分是折射率较低的矿物，拼合石的反光能力差，有时光还可透过。

四、人工宝石定名规则

1. 人工宝石定义及分类

人工宝石是指完全或部分由人工生产或制造用作首饰及饰品的材料，分为合成宝石、人造宝石、拼合宝石和再造宝石，具体见表13。

2. 人工宝石定名规则

合成宝石，必须在对应的天然珠宝玉石基本名称前加"合成"二字。禁止使用生产厂、制造商的名称直接定名，如："查塔姆（Chatham）祖母绿"、"林德（Linde）祖母绿"；禁止使用易混淆或含混不清的名词定名，如："鲁宾石"、"红刚玉"、"合成品"。

人造宝石，必须在材料名称前加"人造"二字，"玻璃"、"塑料"除外。禁止使用生产厂、制造商的名称直接定名；禁止使用易混淆或含混不清的名词定名，如："奥地利钻石"；禁止用生产方法直接定名。

拼合宝石，在组成材料名称之后加"拼合石"三字或在其前加"拼合"二字。可逐层写出组成材料名称，如："蓝宝石、合成蓝宝石拼合石"；可只写出主要材料名称，如："蓝宝石拼合石"或"拼合蓝宝石"。

再造宝石，在所组成天然珠宝玉石基本名称前加"再造"二字。如："再造琥珀"、"再造绿松石"等。

表 13 人工宝石分类表

分类	分类	定义	宝石实例
人工宝石	合成宝石	完全或部分由人工制造且自然界有已知对应物的晶质体、非晶质体或集合体，其物理性质、化学成份和晶体结构与所对应的天然珠宝玉石基本相同	合成钻石、合成立方氧化锆等
	人造宝石	由人工制造且自然界无已知对应物的晶质、非晶质体或集合体	人造钇铝榴石等
	拼合宝石	由两块或两块以上材料经人工拼合而成，且给人以整体印象的珠宝玉石	拼合欧泊等
	再造宝石	通过人工手段将天然珠宝玉石的碎块或碎屑熔接或压结成整体外观的珠宝玉石	再造琥珀等

第五节　改善钻石的鉴别

由于钻石的珍贵、稀有，远远不能满足人类的需要，因此人们一方面进行人工合成钻石的研究，另一方面千方百计地优化处理钻石，因此改善钻石方法按其目的可分为两大类：一类是基于改善颜色为目的的辐照处理、高温高压处理和表面处理，一类是基于提升净度为目的的裂隙充填处理、激光处理和复合型处理。

一、改善颜色钻石的鉴别

1. 辐照处理钻石基本性质及鉴别

辐照处理是利用辐照产生不同的色心，从而改变钻石的颜色，辐照钻石几乎可以呈任何颜色。如用中子进行辐射，褐色钻石可改变为美丽的天蓝色、绿色（图160）。值得注意的是这种辐射改色方法只适用于有色而且颜色不理想的钻石。辅照改色钻石的鉴定可从以下三方面进行：

（1）颜色分布特征

天然致色的彩色钻石，其色带为直线状或三角形状，色带与晶面平行。而人工辐照改色钻石颜色仅限于刻面宝石的表面，其色带分布位置及形状与琢形及辐照方向有关。当来自回旋加速器的亚原子粒子，从亭部方向对圆多面型钻石进行轰击时，透过台面可以看到辐照形成的颜色呈伞状围绕亭部分布（图161、图162）。在上述条件下，阶梯形琢形的钻石仅能显示出靠近底尖的长方形色带。当轰击来自钻石的冠部时，则琢型钻石的腰棱处将显示一深色色环。当轰击来自钻石琢形侧面时，则琢型靠近轰击源一侧颜色明显加深。

（2）吸收光谱

原本含氮的无色钻石经辐照和加热处理后可产生黄色。这类钻石有595nm吸收谱线，但是在样品辐照后再次加热的过程中，随着温度的不断上升，595nm吸收线将消失。

（3）导电性

天然蓝色钻石由于含微量元素B而具有导电性，而辐照而成的蓝色钻石则不具导电性。

2. 高温高压处理钻石性质及鉴别

正交偏光镜的消光特征、Diamond View的荧光特征、光致发光（Photoluminescence, 简称PL）是检测高温高压处理钻石的有效手段。

图160　辐照处理钻石

图161　辐照处理钻石伞状效应

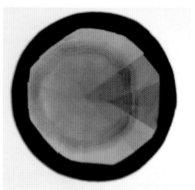

图162　辐照处理蓝色钻石的棕色环带

（1）GE钻石

高温高压处理 II 型钻石的主要品牌有 GE-POL、Bellataire、Pegasus 或 Monarch 等，这些品牌都会在钻石腰棱用激光刻字，表明这些钻石是经过高温高压处理的(图 163、图 164)。而这其中较为出名的是 GE 钻石。

GE 钻石为一种新的颜色优化处理的方法。1998 年，美国通用电器公司（General Electric Company，简称 GE）采用高温高压（HTHP）的方法将比较少见的 II a 型褐色的钻石（其数量不到世界钻石总量的 1%）处理成无色或近无色的钻石，偶尔可出现淡粉色或淡蓝色，该类型又称为高温高压修复型。1999 年，General Electric Company(GE) 和 Lazare Kaplan International（LKI）联合将高温高压钻石推入宝石市场，最初销售这类钻石销售的名字为"GE POL,"最近更改为"Bellataire"（图 165、图 166）。

这些高净度的褐色到灰色钻石，经过处理后的颜色大都在 D 到 G 的范围内，但稍具雾状外观，带褐或灰色调而不是黄色调。GE 钻石在高倍放大下可见内部纹理：羽毛状裂隙，并伴有反光，裂隙常出露到钻石表面、部分愈合的裂隙、解理以及形状异常的包体。一些经处理的钻石还在正交偏光下显示异常明显的应变消光效应。

（2）Nova钻石

Nova 钻石是另外一种新的颜色优化处理的方法。1999 年美国诺瓦公司（Nova Diamond. Inc）采用高温高压（HTHP）的方法将常见的 Ia 型褐色钻石处理成鲜艳的黄色——绿色钻石，该类型钻石又称为高温高压增强型或诺瓦（Nova）钻石。

图 163 高温高压处理钻石腰围字印

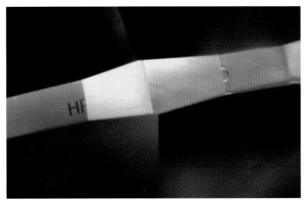

图 164 被磨去部分的高温高压处理钻石腰围字印

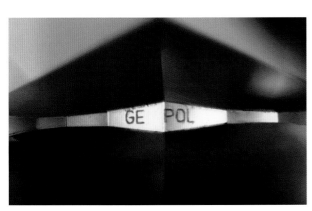

图 165 GE 钻石的腰围字印 GE-POL

图 166 GE 钻石的腰围字印 Bellataire

该类型钻石发生强的塑性变形，异常消光强烈，显示没有分区的强黄绿色荧光并伴有白垩状荧光。实验室内通过大型仪器的谱学研究，可把 Nova 钻石和天然钻石区分开。这些钻石刻有 Nova 钻石的标识，并附有唯一的序号和证书。

3. 表面处理钻石方法及鉴别

（1）覆膜处理

为了改善钻石的颜色，很古老的处理方法是在钻石表面涂上薄薄一层带蓝色的、折射率很高的物质，这样可使钻石颜色提高 1~2 个级别，更有甚者在钻石表面涂上墨水、油彩、指甲油等，以便提高钻石颜色的级别，也有的在钻戒底托上加上金属箔。这些方法很原始，也极易鉴别。

（2）CVD 外延生长法

利用化学气相沉淀法即 CVD 法在钻石表层生长钻石膜可增加重量，生长有色膜还可改变外观（图 167）。

二、改善净度钻石基本性质及鉴别

1. 裂隙充填处理钻石基本性质及鉴别

对有开放裂隙的钻石，可以对其进行充填处理，以改善其净度及透明度。第一个商业性的钻石裂隙充填处理出现在 20 世纪 80 年代，由以色列 Ramat Zvi Yehuda 生产，在商业称其为吉田法；90 年代初，以色列的 Koss Shechter 钻石有限公司生产了相似的产品，称其为高斯法，它是在钻石的裂缝中充填了透明材料；另外在纽约也产生了奥德法（Goldman Oved）的裂隙充填钻石，并在处理后钻石的一个风筝面上留有印记（图 168）。充填物一般为高折射率的玻璃或环氧树脂。钻石经过裂隙充填可提高视净度。对经过裂隙充填的钻石，最新的《GB/T 16554-2010 钻石分级》国家标准的规定，将不对其进行分级。

闪光效应是裂隙充填钻石鉴定的重要特征，观察闪光效应需要在显微镜翻转下对宝石裂隙进行观察，充填裂隙的闪光颜色可随样品的转动而变化。总体来说暗域照明下裂隙上如果出现大面积橙黄色、紫红色、粉色或粉橙色裂隙；亮域照明下裂隙上如果大面积出现蓝绿色、绿色、绿黄色或黄色，则可判定为闪光效应（图 169）。

钻石体色将影响闪光效应的观察，无色至微黄色体色的钻石，闪光效应一般较明显。当闪光效应的颜色色调与钻石体色不同时，观察变得较容易，如黄色钻石中的蓝色闪光效应。相反钻石体色与闪光效应的色调相同或相近时，观察较困难。如深黄色至棕色的钻石，具有橙色闪光效应，粉色钻石可以见到粉色至紫色的闪光效应。

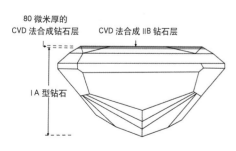

图 167　CVD 外延生长法

图 168　奥德法（Goldman Oved）公司印记

图 169　钻石的闪光效应（Photo：Eric Erel）

2. 激光处理钻石性质及鉴别

（1）传统的激光打孔处理技术

传统的外部激光打孔处理技术在20世纪60年代引入。当钻石中含有固态包体，特别是有色和黑色包体时，会大大影响钻石的净度。根据钻石的可燃烧性，可以利用激光技术在高温下对钻石进行激光打孔，然后用化学药品沿孔道灌入，将钻石中的有色包体溶解清除，并充填玻璃或其他无色透明的物质（图170、图171）。激光打孔处理的钻石，由于在钻石表面留下永久性的激光孔眼，而且因为充填物质硬度永远不可能与钻石相同，往往会形成难以观察的凹坑，但对有经验的钻石专家来说，只要认真仔细观察钻石的表面，鉴别它并非很困难的事情。

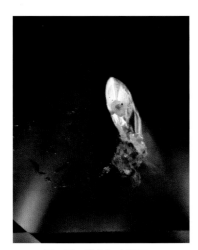

图 170　激光打孔钻石

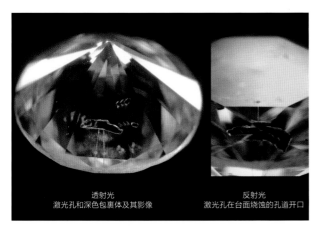

透射光
激光孔和深色包裹体及其影像

反射光
激光孔在台面烧蚀的孔道开口

图 171　激光打孔钻石

近年来，该技术已取得重大进展，激光孔直径仅0.015mm，这意味着观察时有可能漏掉激光孔。

（2）"KM"内部激光打孔方法

KM处理方法在2000年引入，KM（Kiduah Meyuhad）是西伯来语"特别打孔"的意思，可有两种处理方法。

A. 破裂法（裂化技术）：低质量的钻石有明显的近表面包体，并伴有裂隙或裂纹，激光将包体加热、产生足够的应力以使伴生的裂隙延至钻石表面，这种次生裂隙看起来与天然裂隙相似。但这种处理方法掌握不好容易使钻石破裂。

B. 缝合法（裂隙连接技术）：采用新的激光孔可将钻石内部的天然裂纹与表面的裂隙连接起来，在钻石的表面产生平行的外部孔，看起来像天然裂纹。然后通过裂隙对钻石内部的包体进行处理。

KM处理的钻石中，可见蜈蚣状包体出露到钻石表面，呈不自然状弯曲的裂隙，在垂直包体两侧伸出很多裂隙；在激光处理的连续裂隙中有未被完全处理掉的零星黑色残留物，这是KM处理钻石的典型特征（图172）。

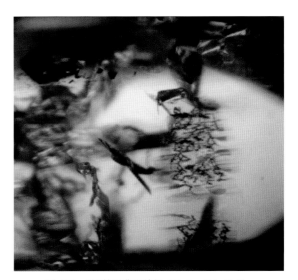

图 172　KM处理典型特征（Photo：Eric Erel）

（3）未知的新型激光打孔处理

该种方法利用一条激光孔道同时处理掉几个包体，该激光钻孔方法是激光来回切削，孔道如同天然侵蚀，令人以为是一条通达包裹体的天然通道。另外还有进行切面处理方式，令人以为是钻石天然裂隙而难以区分（图 173）。

三、优化处理宝石定名规则

1. 优化处理宝石定义

优化处理，除切磨和抛光以外，用于改善珠宝玉石的颜色、净度、透明度、光泽或特殊光学效应等外观、耐久性或可用性的所有方法。分为优化和处理两类。

优化，传统的、被人们广泛接受的、能使珠宝玉石潜在的美显现出来的优化处理方法，例如热处理、部分宝石的染色处理等。

处理，非传统的、尚不被人们广泛接受的优化处理方法，如辐照处理、充填处理等。

2. 优化处理宝石定名规则

（1）优化珠宝玉石定名规则

直接使用珠宝玉石名称，可查阅最新公布的相关质量文件中，附注说明具体优化方法（图 174）。

（2）处理珠宝玉石定名规则

在珠宝玉石基本名称处注明有三种情况：第一，名称前加具体处理方法，如：覆膜处理钻石、充填处理钻石；第二，名称后加括号注明处理方法，如：钻石（激光打孔）、钻石（高温高压处理）；第三，名称后加括号注明"处理"二字，可在相关质量文件中附注说明具体处理方法，如：钻石（处理）。

不能确定是否经过处理的珠宝玉石，在名称中可不予表示。但应在相关质量文件中附注说明"可能经 xx 处理"或"未能确定是否经 xx 处理"，例如可能经辐照处理。

经多种方法处理的珠宝玉石按以上第一或第二进行定名。如：钻石的颜色经辐照和高温高压处理，定名为"钻石（处理）"，附注说明"辐照处理、高温高压处理"或"钻石颜色经人工处理"。

经处理的人工宝石可直接使用人工宝石基本名称定名。

图 173　未知新型激光处理方法

ICS 39.060
D 59

中华人民共和国国家标准

GB/T 16552—2010
代替 GB/T 16552—2003

珠宝玉石　名称

Gems—Nomenclature

2010-09-26 发布　　　　　　2011-02-01 实施

中华人民共和国国家质量监督检验检疫总局
中国国家标准化管理委员会　发布

图 174　珠宝玉石名称

第二章

钻石"4C"分级

第一节 概述

钻石"4C"分级是指根据钻石颜色（Color）、净度（Clarity）、克拉重量（Carat）和切工（Cut）4个要素，对钻石品质进行综合评价，进而确定钻石的价值。由于4个要素的英文均以C开头，所以简称为"4C"分级。

钻石分级体系是随着钻石贸易而产生、发展并不断健全。数百年来，钻石分级的标准从无到有，从杂乱无章到自成体系，大大促进了钻石贸易的国际化、规范化。完整的钻石"4C"分级体系出现于20世纪50年代，由美国宝石学院创始人之一的李·迪克先生（Richard T Liddicoat，1918-2003年）提出。

一、国际主要钻石分级体系

目前钻石分级体系主要有三类，一类是以美国宝石学院（GIA）为代表钻石分级体系，第二类是欧洲钻石分级体系，第三类是中国人民共和国国家质量监督检验检疫总局与中国国家标准化管理委员会联合发布的钻石分级标准，虽然分级体系有三种，但是这些标准都是以"4C"为基础，主体内容和标准基本一致。

1.GIA（Gemological Institute of America）——钻石分级体系

美国宝石学院（GIA）是最早系统地提出"4C"概念、建立钻石"4C"分级规则的机构。GIA在20世纪30年代就提出了"4C"分级原则，20世纪50年代，GIA对"4C"分级规则进行了修改，新的"4C"分级规则与原来旧的分级规则有较大变化。

在颜色分级上，GIA修改了原有的术语，改用字母，依次从D到Z表示颜色由浅到深的级别，把色级划分成了23个级别，取代了原来的旧术语和色级划分。在净度分级上，规定了每一净度级别的定义，并把净度划分成11个级别，且把在其它钻石分级规则中认为是外部特征的部分现象或缺陷，作为内含物看待，从而在净度级别的评定中考虑了这些特征的作用。尤其是对FL净度级别的评判中，外部特征起非常重要的作用。在切工评价方面，以美国理想琢型为基础，对标准圆钻型切工的比例进行了测量，并提出了系统的评价优劣的观念和方法。

2.CIBJO（International Confederation of Jewellry）——钻石分级规则

CIBJO是国际金银珠宝联盟的简称，成立于1961年，有二十几个国家参加，虽然包括美国、墨西哥和加拿大等美洲国家，但是CIBJO的主要影响在欧洲。1970年又成立了CIBJO钻石专业委员会，并在1974年通过了CIBJO钻石分级规则。

1979年CIBJO修改了钻石分级规则。修改之后的CIBJO钻石颜色色级界限与GIA色级的界限一致。CIBJO钻石分级标准对钻石切工中的圆钻比例不作评价，并认为不同比例的组合同样可以产生很好的效果。对比例特别不好的情况，则在备注中说明。

3.IDC（International Diamond Council）——钻石分级标准

国际钻石委员会（IDC）是世界钻石交易所联盟（WFDB）和国际钻石制造商协会（IDMA）于1975年成立的联合委员会。成立这一联合委员会的目的是为钻石商贸制定一个在国际上普遍适用的钻石品质评价的统一标准，并且在全世界保障这套标准的实施。

国际钻石委员会与比利时钻石高层议会，在CIBJO钻石专业委员会的参与下，于1979年提出了"国际钻石分级标准"。该标准与其它的钻石分级标准基本一致，最显著的特点是"5微米规则"和外部特征在净度级别评价中的作用。"5微米规则"的核心是用标准样品来界定IF与VVS两个净度级别。

4.HRD（Hoge Raad Voor Diamant）——钻石分级机构

比利时钻石高层议会（HRD）是代表比利时钻石工商业的非营利性机构。在钻石的加工技术、商业贸易、钻石鉴定分级、人才培训等方面提供服务，并且开展国际交流，在国际上也颇有知名度。在钻石分级方面，HRD 有独特的地方，尤其是在净度分级上强调定量性。但是，自从与国际钻石委员会共同起草了"国际钻石分级标准"之后，就采用了 IDC 标准。IDC 标准净度分级与国际上其它分级标准的方法基本一致，不强调对净度特征的定量性测量。HRD 的宝石学院在钻石分级的教学上，仍保留了净度定量分级的特有理论和方法。

5.RAL（Reichs-Ausschuss fur Lieferbedingungen）——钻石分级标准

德国国家标准联合委员会（RAL）在 1935 年颁布的交易与保险的质量术语规范（RAL）首次对钻石的术语作了规定，但是到 1963 年的第五版（RAL560A5）才对这些术语作了定义。1970 年以补充条款（RAL560A5）的形式，加入了钻石切工评价的内容。

6.Scan.D.N.（Scandinavian Diamond Nomenclature）——钻石分级标准

斯堪的纳维亚钻石委员会（Scan.D.N.）包括了丹麦、芬兰、挪威和瑞典等 4 个北欧国家，于 1969 年通过了一项钻石分级标准，称为"斯堪的纳维亚钻石命名规则"，通常简写成 Scan.D.N.，1980 年又更新了原有版本。新版本对钻石分级的方法作了很好的阐述。

该标准的颜色分级与净度分级与 GIA 标准比较接近，其差异只在详略上有些区别。在切工评价上，以 Scandinavian 标准圆钻型为依据。Scan.D.N. 是欧洲问世最早的系统的钻石分级标准，对欧洲各国的钻石分级标准的建立和改进起到了促进作用。

7.ISO（The International Organization for Standardization）——钻石分级标准

20 世纪 90 年代初，国际标准化组织（ISO）着手制定国际钻石分级标准。它在 TC174 技术委员会下面成立了两个工作组：第一组负责制定贵金属方面的标准，第二组负责起草钻石分级标准。后者由国际金银珠宝联盟、国际钻石理事会、美国宝石学院和斯堪的纳维亚钻石术语委员会 4 个机构派人组成，秘书处设在德国的福尔茨海姆市。

在珠宝标准与规则制定过程中，钻石分级是第一个被考虑编制国际标准的。因为钻石是宝石之王，销售额最大，它的勘探、开采、加工、分级、贸易历来自成一统，在分级方面积累的经验也最多。近年来，随着钻石贸易国际化进程日益深化，各地采用的分级标准渐渐趋于一致，共同点越来越多，分歧越来越小，同一的条件也逐渐成熟。于是，制定国际钻石分级标准的工作终于全面展开了。虽然该组织在 1993 年和 1997 年分别制定了两次技术草案，但由于始终没有达成共识，据说 ISO 已经宣布放弃制定相关标准的计划。

二、中国钻石分级体系

1.中国钻石分级体系发展历史

我国的第一钻石分级标准是由地质矿产部宝石监测中心（国家珠宝玉石质量监督检验中心的前身）起草，1993 年 2 月 19 日由中华人民共和国地质矿产部发布的地质矿产行业标准（DZ/T0046—93），于 1993 年 5 月 1 日起实施。

1996 年由国家珠宝玉石质量监督检验中心（National Gemstone Testing Centre，简称 NGTC）

起草、国家技术监督局批准的钻石分级国家标准（GB/T 16554—1996），于1996年10月7日发布、1997年5月1日正式实施。

2003年6月由国家珠宝玉石质量监督检验中心对钻石分级国家标准（GB/T 16554—1996）进行了重新修订，修订后的标准编号为GB/T 16554—2003，于2003年7月1日发布实施、2003年11月1日正式实施。

为了满足市场需求，与国际接轨，国家珠宝玉石质量监督检验中心对钻石分级国家标准（GB/T 16554—2003）进行了重新修订，修订后的标准编号为GB/T 16554—2010（图1），于2010年09月26日发布实施、2011年02月01日正式实施。

2. 现行钻石分级国家标准的适用范围

现行钻石分级国家标准为GB/T16554—2010《钻石分级》，其中对于适用于本标准的钻石进行了严格界定。

（1）钻石的质量

未镶嵌抛光钻石质量大于或等于0.0400g（0.20ct）；镶嵌抛光钻石质量在0.0400g（0.20ct）至0.2000g（1.00ct）之间。

质量小于0.0400g（0.20ct）的未镶嵌及镶嵌抛光钻石、质量大于0.2000g（1.00ct）的镶嵌抛光钻石颗参考本标准执行。

（2）钻石的颜色

未镶嵌及镶嵌抛光钻石的颜色为无色至浅黄（褐、灰）色系列。非标准圆钻型切工的未镶嵌及镶嵌抛光钻石，其颜色分级可参照本标准执行。

（3）钻石的切工

未镶嵌及镶嵌抛光钻石的切工为标准圆钻型。非标准圆钻型切工的未镶嵌及镶嵌抛光钻石，其切工分级中的修饰度（抛光和对称）可参照本标准执行。

（4）钻石的净度

非无色至浅黄（褐、灰）色系列的未镶嵌及镶嵌抛光钻石，其净度分级可参考本标准执行。非标准圆钻型切工的未镶嵌及镶嵌抛光钻石，其净度分级可参照本标准执行。

ICS 39.060
D 59

中华人民共和国国家标准

GB/T 16554—2010
代替 GB/T 16554—2003

钻 石 分 级

Diamond grading

2010-09-26 发布   2011-02-01 实施

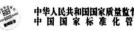
中华人民共和国国家质量监督检验检疫总局　发布
中国国家标准化管理委员会

图 1　GB/T 16554—2010

第二节　钻石颜色分级

一、钻石颜色分级概述

1.概述

钻石的颜色分级是人们在长期的实践当中为了满足钻石贸易的需要而不断摸索总结建立起来的。划分规则及划分方法到目前为止，仅适用无色至浅黄色系列（又称为 Cape 系列）的钻石、不适用于彩色钻石。

彩色钻石，也称花色钻石或异彩钻，最稀有的颜色是红色，然后依次为绿、蓝、紫和棕褐等颜色，由于极其稀少，且在实际操作存在一些技术难题，至今未有成熟的分级规则。也正是由于其稀少，故在价值上也较昂贵，特别是那些色调鲜艳，饱和度较高的彩色钻石，更是价值连城。

2.颜色分级的发展

对钻石色级进行系统地评价开始于 19 世纪中叶。直到 20 世纪 50 年代之前，钻石颜色描述术语绝大部分是矿产地有关的名词，但是作为专门描述钻石颜色的术语，它们不具有产地意义。

20 世纪 50 年代，美国宝石学院对钻石的色级作了划分，并采用了新的术语，把颜色从无色到浅黄色分成了 23 个级别，并分别用英文字母 D 到 Z 一一给予标定。由于美国在二战后成为世界最大的钻石市场，也由于美

国宝石学院（GIA）的努力推广，世界上最大的钻石集团——戴比尔斯矿业有限公司（De Beers）的中央统售机构（CSO），采用了美国宝石学院的钻石分级标准，使该颜色分级方法在钻石业界广为流传。

在欧洲，70 年代前后，对钻石的"4C"分级的研究和标准的设立也有了新的进展。但欧洲诸国的色级保留了较多的传统色级体系的内容，只对以地名为主的旧术语进行了更新，采用了更便于理解的术语——对颜色的描述，如 Exceptional White（极白）等，以作为色级的术语，同时基本上保留了传统色级的划分方法，只作了少量的修改。

中国于 2008 年 5 月 26 日发布《钻石色级目测评价法》GB/T 18303—2008，代替 GB/T 18303—2001《钻石色级比色目测评价方法》。该标准对抛光的 Cape 系列钻石采用目视评价方法进行钻石颜色分级时，规定了基本的要求和操作规则。

二、钻石颜色分级定义

采用比色法，在规定的标准环境条件下（图 2），对镶嵌和未镶嵌钻石的颜色进行等级划分。依据镶嵌和未镶嵌钻石颜色（黄色调、亮度、饱和度）的变化规律，人为地划分出一系列从无色至黄色调递增的等级（图 3）。

图 2　钻石颜色分级工具

图 3　钻石的颜色

三、钻石颜色分级条件

1. 标准的比色光源

使用标准的冷光源（色温为 5500—7200K 的日光灯）；灯光不能含有紫外线，光谱连续分布，能量均匀、发热少，光线柔和。（图 4）

如果没有标准的人造灯源，也可在良好的日光下进行比色，但不可以在太阳光直射下看钻石的颜色，通常在北半球采用来自北面的光线，在南半球则用来自南面的光。

2. 标准的比色石

比色石是一套已标定颜色级别的标准圆钻型切工钻石样品。依次代表由高至低连续的颜色级别（图 5）。

（1）比色石要求

切工：标准圆钻型切工，切工比率级别 VG 或 VG 以上级别，腰部状况为刻面型腰。

重量：每粒重量 ≥ 0.30 ct，整套比色石的质量大小大致相等，同一套比色石质量误差不能超过 ±0.10 ct。

净度级别：SI_1 或 SI_1 级以上，不含色带及有色矿物包裹体。

颜色：颜色必须进行严格的色级标定，所有比色石的颜色都应当位于其所代表的色级上限点或下限，依次代表由高到低的连续色级，除黄色调外，不带有任何其他杂色调（灰、青、褐）。

荧光：在长波（LW）紫外灯下，无荧光或弱荧光。

（2）比色石数量

美国宝石学院（GIA）的实验室里保存着一套完整的钻石比色石，D—Z 色，共 23 粒；国际钻石委员会（IDC）确定的颜色标准比色石，一套共 7 粒，另外还有 3 粒荧光比对石。比利时钻石高层议会（HRD）的比色石为 9 粒（D—L）（图 6）；我国的颜色标样有 11 粒（D—N），另有 3 粒荧光比对石（图 7）。

应当特别指明的是，合成立方氧化锆（CZ）不能作比色石，因为它的白色——黄色调与同种颜色钻石的感觉不同，发"苍白"色，CZ 的色散值较钻石高，过强的火彩也会影响颜色的感觉，而且 CZ 的颜色不稳定，会随着时间的变化而变化。

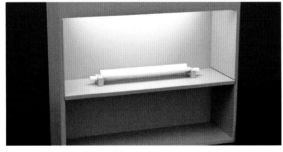

图 4　标准的比色光源

图 5　标准比色石

图 6　HRD 比色石（不包含荧光比对石）

图 7　中国比色石（不包含荧光比对石）

（3）比色石类型

钻石比色定级时，每个色级代表一个颜色区间范围，如（图 8）所示，H 色代表颜色从 H_1 到 H_2 变化区间范围，而在这个区间内有两个界限点，近无色的上限点为 H_1，近黄色的下限点为 H_2。在选取标准比色石时，每一个色级只能选取一颗比色石作为这个颜色区间的代表。因此，根据比色石取点位置的不同可以将比色石分为两种类型，即上限比色石和下限比色石。如（图 9）中所示，选取上限点 H_1 作为标准比色石点代表整个 H 色区间，则这种类型比色石为上限比色石（图 10），反之，

如果选取下限点 H_2 作为标准比色石点代表整个 H 色区间，则这种类型比色石为下限比色石（图 11）。

不同的比色石系列，使用时要注意其色级的判别规则（图 12），当确定待测钻石的颜色介于两相邻的比色石之间时：

位于色级上限的比色石，被测钻石与其左边，即色级较高的比色石同一色级。

位于色级下限的比色石，被测钻石与其右边，即色级较低的比色石同一色级。

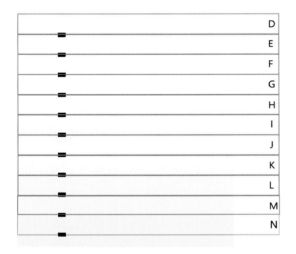

图 8　每个字母代表的颜色级别为一个颜色变化区间范围

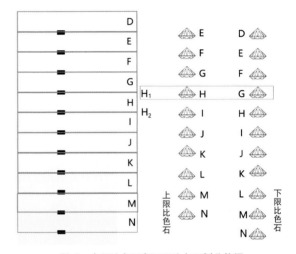

图 9　上限比色石和下限比色石划分依据

图 10　上限比色石

图 11　下限比色石

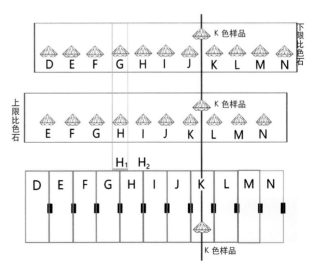

图 12　比色方法

3．标准的比色环境

（1）颜色

工作区域要求是中性色，即白色、黑色或者灰色，除此之外最好不要有其他杂色调。包括房间内桌椅、墙壁、地面、窗帘，工作人员的着装、眼镜的颜色甚至肤色都对颜色分级产生影响。

（2）光线

工作区域应避免除分级用标准光源以外的其他光线的照射，暗室或半暗的实验室是理想的颜色分级环境。

（3）其他要求

工作区域还应该干净、整洁、安静、安全，以便分级人员能够专心致志地开展工作。

4．训练有素的分级人员

颜色分级人员要求为颜色视觉正常，受过专门技能培训的专业人员，年龄在 20-50 岁为宜。比色时要由两名或以上技术人员独立完成同一钻石的颜色分级，并取得统一的结果。

四、钻石颜色分级方法

1．比色法

比色法是利用比色石与待分级钻石样品目测比对的方法对钻石颜色进行等级划分。心理学家认为，颜色是无法准确记忆的，所以该方法虽然是传统的，但却是目前最有效、国际最通用的颜色分级方法（图 13）。

2．仪器测试法

利用仪器进行颜色测试，如色度仪、分光光度计等。目前德国、以色列、美国等国家都在相继研制和开发此类仪器，并有样机问世。它能排除比色法存在的人为误差，但影响颜色的客观因素很多，尤其是带有荧光的钻石样品，其结果很难体现钻石样品的实际颜色，而且比色仪器价格昂贵，目前还没有大量投入使用（图 14）。

图 13　目测比色法

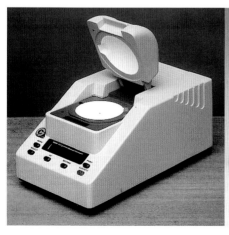

图 14　自动比色仪

五、钻石颜色级别及划分原则

1. 比色石颜色级别

　　国家标准按钻石颜色变化划分为 12 个连续的颜色级别，用字母或数字表示（表 1）。

　　上述各颜色级别都是由比色石来标定的。在这些色级中，H 色和 K 色是两个比较重要的级别，H 色是无色与轻微黄色的分界点，即 H 以上色级是不含任何黄色调，H 以下色级带有不同程度的黄色调，而 H 色本身可带似有似无的黄色；K 色是轻微黄色调与明显黄色调的分界点，即 K 到 H 之间的色级带有轻微黄色调，K 以下色级带有明显黄色调。各颜色级别的肉眼特征描述如下。

（1）D—E 级

　　D—E 级，极白，又称作"特白"、"极亮白"、"净水色"。

　　D 色：纯净无色、极透明，可见极淡的蓝色。

　　E 色：纯净无色，极透明。

（2）F—G 级

　　F—G 级，优白，又称作"亮白"。

　　F 色：从任何角度观察均为无色透明。

　　G 色：1ct 以下的钻石从冠部、亭部观察均为无色透明，但 1ct 以上的钻石从亭部观察显似有似无的黄色调。

（3）H 色

　　H 色，白。1ct 以下的钻石从冠部观察看不出任何颜色色调，从亭部观察，可见似有似无的黄色调。

（4）I—J 级

　　I—J 级，微黄白，又称作"淡白"、"商业白"。

　　I 色：1ct 以下的钻石冠部观察无色，亭部观察呈微黄色。

　　J 色：1ct 以下的钻石冠部观察近无色，亭部观察呈微黄色。

（5）K—L 级

　　K—L 级，浅黄白。

　　K 色：冠部观察呈浅黄白色，亭部观察呈很浅的黄白色。

　　L 色：冠部观察呈浅黄色，亭部观察呈浅黄色。

（6）M—N 级

　　M—N 级，浅黄色。

　　M 色：冠部观察呈浅黄色，亭部观察带有明显的浅黄色。

　　N 色：从任何角度观察钻石均带有明显的浅黄色。

（7）<N 级

　　<N 级：黄色。对这一类钻石，非专业人士都可看出具有明显的黄色。

表 1 国际与中国钻石颜色级别对照表

GIA		CIBJO / IDC	中 国			旧 术 语
无色	D	Exceptional White +（极白 +）	D	100	极白	River
	E	Exceptional White（极白）	E	99		
	F	Rare White +（优白 +）	F	98	优白	Top Wesselton
近无色	G	Rare White（优白）	G	97		
	H	White（白）	H	96	白	Wesselton
	I	Slightly Tinted White（微黄白）	I	95	微黄白	Top Crystal
	J		J	94		Crystal
微黄	K	Tinted White（浅黄白）	K	93	浅黄白	Top Cape
	L		L	92		
	M		M	91	浅黄	Cape
	N		N	90		Low Cape
淡浅黄	O	Tinted Colour（浅黄）	<N	<90	黄	
	P					
	Q					Very Light Yellow
	R					
浅黄	S–Z					

2. 比色法颜色划分规则

待分钻石与某一比色石颜色相同，则该比色石的颜色级别就是待分钻石的颜色级别（图15）。

待分钻石颜色介于相邻两粒比色石之间，其中较低级别的比色石的颜色级别则为该钻石的颜色级别（图16）。

待分钻石的颜色高于比色石的最高级别，仍用最高级别表示该钻石的颜色，即为D色（图17）。

待分级钻石低于"N"比色石，则用"<N"表示该钻石颜色级别（图18）。

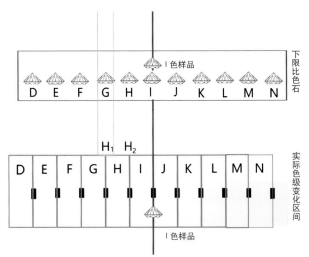

图15 待分钻石与比色石颜色级别相同时，钻石的颜色级别

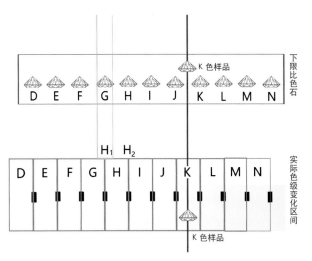

图16 待分钻石颜色介于相临两粒比色石之间时，钻石的颜色级别

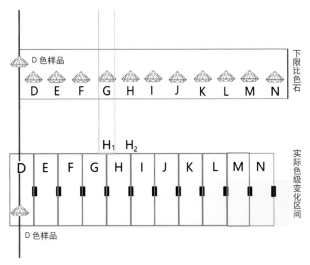

图17 待分钻石高于比色石的最高颜色级别时，钻石的颜色级别

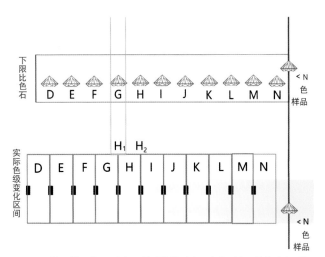

图18 待分钻石低于比色石的最低颜色级别时，钻石的颜色级别

六、钻石颜色分级流程

1. 裸钻颜色分级流程

步骤一：将分级用的比色卡纸折成 V 形槽，或者用比色板把比色石按色级从高到低（从无色到浅黄色）的顺序，从左到右、台面朝下依次排列在 V 形槽内。比色石之间按相互间距 1-2cm，不要靠得太近，以免颜色相互影响（图 19）。

图 19 比色石理想间距

图 21 反射光比色法观察比色石姿势

步骤二：把排好的比色石放到比色灯下，与比色灯管距离 10-20cm（图 20），视线平行比色石的腰棱（或者垂直比色石亭部主刻面）观察比色石，识别颜色由浅到深的变化，同时注意比色石颜色集中部位（图 21）。

钻石底尖、腰棱两侧都是颜色集中的位置。钻石颜色的明显程度还与观察视线的方向有关。平行腰棱的视线，会看到更多的颜色集中区，而垂直亭部主刻面的视线，看到的颜色集中区域较小，这时以亭部中央不带反光的透明区域作为比色部位（图 22）。

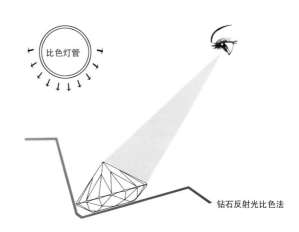

图 20 反射光比色法中钻石、光源、视线三者之间的角度

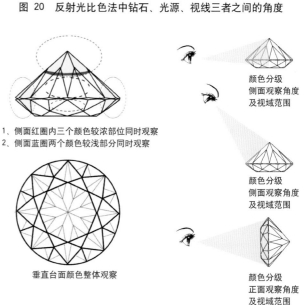

图 22 反射光比色法观察比色石位置

步骤三：把待分级的钻石放在两颗比色石（比如 E 和 F）之间，并与左右两边的比色石进行比较，如果待测钻石的颜色不仅比左边的比色石深，而且也比右边的色级较低的比色石深，则把钻石向右（向下）移动一格，放到 F 和 G 之间，再进行比较，直到待测钻石的颜色比左边的比色石深，又比右边的比色石色浅为止。

步骤四：观察时，钻石刻面反射出的耀眼的光会影响对颜色的观察和比较。如果小心地前后移动盛有钻石和比色石的白纸槽，或者稍稍改变白纸槽的倾斜度，在某些位置可能看不到耀眼的反射光，保持在这种位置上进行观察和比较（图 23）。另一种消除反光的方法是对钻石和比色石呵气。呵气会在钻石表面形成薄薄的一层水雾，当水雾散去之前的一瞬间，钻石的反光不明显，

体色显得最为清楚，抓住这一机会进行比色。

步骤五：判定钻石色级，当待测钻石比左边的比色石色深，又比右边的比色石色浅时，就找到了该钻石所属的色级。但它的色级究竟同于左边，还是右边比色石的色级，就要根据比色石设定原则来确定（图 24）。如果每粒比色石是代表每一色级的上限，即 GIA 体系的比色石，那么待测钻石的色级就取左边的色级较高的比色石色级。如果每粒比色石代表该色级下限，即 CIBJO 体系的比色石，那么待定钻石的色级取右边的色级较低的比色石色级。

步骤六：检查钻石，复称重量，确定其为原待分级的钻石样品，没有与比色石混清。记录比色结果。

图 23　颜色分级时钻石较为理想的观察状态

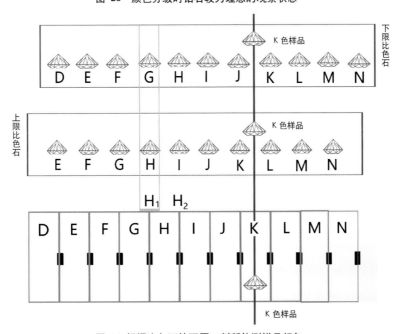

图 24　根据比色石的不同，判断待测样品颜色

2. 镶嵌钻石建议比色方案

镶嵌钻色颜色色级常受镶嵌用贵金属、围镶其它有色宝石的影响而不易精确分级。黄金或围镶的小颗粒黄色宝石使 H 色级以上的钻石稍低于实际色级，使 I 色级以下的低色级钻石稍高于实际色级。铂金或 K 白金围镶或迫镶的 J 色级以下的低色级钻石稍高于实际色级。围镶的小颗粒蓝色宝石的衬托下，低色级钻石稍高于实际色级。

钻石的镶嵌方式也会影响比色的效果。钻石过多地镶入金属中，如包镶的方式，无法从侧面观察钻石，要比爪镶的方式更受金属颜色的影响，并且只能从正面进行观察，比色的难度较爪镶更大。

在镶嵌钻石比色时，可以采取一定的措施，设法使用比色石。对爪镶的钻石，用颜色与金属托架相近的镶子或者宝石爪夹住比色石，与待测钻石台面相对，比较腰棱附近的颜色深度，判断色级。这样做得出的结果会更为精确，但仍然难以做到像裸钻一样准确，在与一套比色石同时进行对比（图 25），尤其是放在色级仅差一级的两颗比色石之间进行比较，再加上金属的影响，比色的准确度显然比不上裸钻。

采用放大下比色的技术，也是镶嵌钻石进行颜色分级的重要方法。如果采用相应的辅助工具，如使用专门为放置比色石设计的黄色与白色金属托架就有可能在放大的条件下，从侧面或某一方向比较未知的镶嵌钻石与比色石之间的颜色深浅，以达到较准确甚至准确比色的目的。

依据 GB/T 16554—2010，镶嵌钻石颜色级别与未镶嵌钻石颜色级别具有一定对应关系（表 2）。

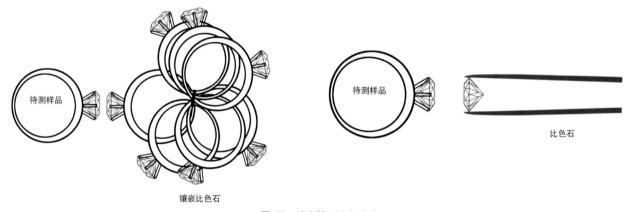

图 25 镶嵌钻石比色方法

表 2 镶嵌钻石颜色级别与未镶嵌钻石颜色级别对照表

镶嵌钻石颜色等级	D-E		F-G		H		I-J		K-L		M-N		<N
对应的未镶嵌钻石颜色级别	D	E	F	G	H	I	J	K	L	M	N		<N

七、钻石颜色常见问题

颜色分级是带有明显人为主观性的判断。要做到判断能够更符合样品的实际特征，需要严格且大量的训练。同时也要了解人的视力和样品可能出现的异常或偏移标准的情况，以及由此引起的问题和解决的办法。

1. 颜色相关问题

（1）带杂色调钻石的比色

这是最常遇到的问题之一。钻石不仅带有黄色调，而且还带有褐色、灰色等其它的色调，而比色石只带黄色。在进行比色时，一定要了解，比色是对颜色浓度的判定，而不是对颜色色调的比较。无论是什么颜色，只要存在，就有一定的浓度，就要加以考虑。实际上，有些颜色比黄色明显，如同样深度的黄色和褐色，看上去褐色的更明显，会显得更深。另一方面，有些颜色又不如黄色明显，例如浅灰色。具浅灰色调的钻石往往会使没有经验的初学者划分到很高的色级，产生严重的错误，在比色时要加以注意。带有杂色调钻石比色具体步骤如下：

步骤一：清洗钻石

在开始对带有杂色调钻石比色之前，首先要清洗钻石，钻石如果长时间如果没有清洗，粗磨腰围的钻石腰围容易沉积一些细小灰尘或脏物，这时钻石从侧面观察感觉有灰色调。定级容易出现较大误差，这时需要将钻石进行有效清洗。可以用硫酸或氢氟酸浸泡来达到祛除杂质的效果。

步骤二：选择合适的光源位置

对带有杂色调钻石比色时，需要采用透射光比色法（图26），这种方法有利于排除不同色调所带来的影响。

具体操作流程为将光源放在比色槽的后面，光线透过比色槽后，强度减弱，再从垂直亭部主刻面的方向上观察透过钻石样品与比色石的柔和光线。这时，钻石样

品和比色石的颜色几乎都已消失，便于比较钻石样品与比色石所显示的灰度（即为颜色浓度）。通过与相邻的比色石比较，找出钻石样品的色级区间，确定钻石样品的色级。

步骤三：带色调钻石比色
带灰色调钻石比色方法

与正常比色石对比预先定出一个色级，然后脱离比色石放在比色板上，观察钻石底尖偏下位置的亮条带或钻石腰围，如果发现亮带透明度降低，或亮带和腰围明显色调偏灰偏暗，则该钻石就带有灰色调。根据灰色调明显程度，适当降级。较明显降一级，非常明显降两级。

带褐色调钻石比色方法

针对这类型钻石需要考虑的是钻石内部的黄色调，观察过程中将褐色调不予考虑（假想褐色调不存在），最后只根据钻石内部黄色调进行分级。预定出一个色级。如果有褐色调则根据褐色调明显程度降1-2个色级。一般观察褐色调钻石需要采用透射法。如果特别明显的褐色调钻石属于彩色钻石系列，不予分级。

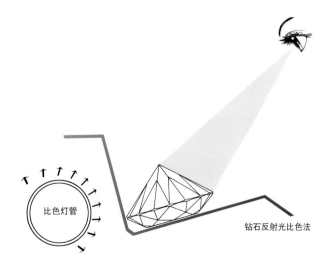

图 26 透射光比色法中钻石、光源、视线三者之间的角度

（2）颜色深度与比色石相同的钻石的比色

当待分级的钻石与某一比色石颜色非常接近时，会产生一种心理作用，即会觉得当该钻石放在比色石的左边时，其颜色较比色石深，放到比色石的右边时，又比该比色石浅。出现这种情况，表明该钻石的颜色深度与该比色石一样，不可与视觉疲劳的情况相混。为了消除这种疑虑，在碰到这种情况时，也可休息几分钟后再进行颜色分级。

（3）荧光对于钻石颜色分级的影响

钻石具有强荧光，肉眼观察时，钻石表面会呈现淡淡月光效应的感觉，类似钻石表面有一层淡蓝色晕彩。钻石颜色感觉很白，和比色石对比会发现颜色偏高。这类钻石比色时，利用比色石对比后，预定一个色级，再利用紫外荧光灯观察，如果有强荧光，可以适当降一级。

（4）带色带或色域钻石的比色

当钻石上出现色域（两种色级），应多角度转动钻石，取其平均色作为待测钻石的色级。

（5）含带色内含物钻石的比色

带色内含物，如氧化物充填的裂隙、黑色或深色的包裹体等，都对钻石的颜色产生一定的影响。由于这些内含物是钻石的净度特征，在净度等级判断时，已作为考虑的依据，因而不宜在颜色分级中再作为评价的依据。所以，在比色时，要排除这些内含物的影响，选择不受这些内含物影响的部位或方向进行比色。

2. 切工相关问题

（1）切工比例欠佳的标准圆钻的比色

切工比例差的钻石，如亭部过浅的钻石（鱼眼石）比同色级切工标准的钻石看起来颜色要浅；相反亭部过深（黑底钻石）的钻石看起来颜色要深，应注意修正。如亭部偏差大，比色应选择台面与比色板接触的位置或腰围；冠部偏差大，比色应选择底尖；若腰围太厚或明显的粗糙腰，比色也应选择底尖。

（2）花式钻石的比色

花式钻石比色一般沿长度方向观察花式钻石的颜色比宽度方向的颜色要深；而菱形、梨形、心形的尖端或开口处颜色最为集中，应避免作为比色的部位。步骤如下：首先台面朝下，仔细观察每个方向，通常以斜对角线方向比色为准；其次台面朝上复查色级，若颜色反而变深，则应调整降低颜色等级。

3. 其他问题

（1）视觉疲劳

视觉疲劳是在比色中最常遇到的问题，实际上是一种生理现象。无论是初学者或是有经验的分级师，无论是进行了较长时间的比色或是刚作了数粒的比色之后，都可能出现视觉疲劳的现象。这时，无法判断钻石色级的归属，总觉得还有其它的可能性。一旦出现这种感觉，应该立即停止分级工作，那怕只休息几分钟，就有可能恢复视力。而疲劳的情况下继续比色，难免出现错误。也由于这一原因，比色时用长时间的反复观察和分析，再作出色级的判定，并不比快速比较作出的决定更可靠。实际上，最初的颜色印象比长时间观察后得出的结论更准确。

（2）大小不一钻石的比色

同一色级的钻石，颗粒越大，感觉颜色越黄；颗粒越小，感觉颜色越白。所以待比钻石与比色石大小差别悬殊时，比色过程中应着重比对靠近亭尖的位置。

八、钻石荧光分级

大约有25-35%的钻石在紫外光的照射下会发出可见光。这种性质称为紫外荧光，简称荧光。钻石荧光最常见的颜色为蓝白色。此外还会出现黄色、橙色、绿色和红色等其它颜色的荧光。

1. 荧光分级工具

除颜色分级所使用的工具外，还需另外准备钻石荧光分级灯和荧光比对石。

钻石荧光分级灯（图27）一般是波长为365nm长波紫外荧光灯，最好带有暗箱，以避免其他光线的影响。

荧光比对石是一套已标定荧光强度级别的钻石样品，共3粒，依次代表强、中、弱3个级别的下限。荧光比对石要求使用比对样品为标准圆钻型切工，重量大于0.20ct（图28）。

2. 荧光级别的划分规则

按3粒荧光比对石在长波紫外光下的发光强度，可以将钻石的荧光级别划分为"强"、"中"、"弱"、"无"4级。

待分级钻石的荧光强度与荧光强度比对样品中的某一粒相同，则该样品的荧光强度级别为待分级钻石的荧光强度级别（图29）。

若待分级钻石的荧光强度高于样品中的最高级别"强"时，仍用"强"来表示该钻石的荧光强度级别（图30）。

待分级钻石的荧光强度低于比对样品中的"弱"，则用"无"代表该钻石的荧光强度级别（图31）。

待分级钻石的荧光强度介于相邻两粒荧光比对石之间，则以其中较低的级别代表该钻石的荧光强度级别（图32）。

图 27　钻石荧光分级灯

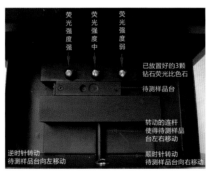

图 28　荧光比对石

图 29　荧光强度为"àç 强"的钻石荧光分级

图 30　荧光强度为"中"的钻石荧光分级

图 31　荧光强度为"弱"的钻石荧光分级

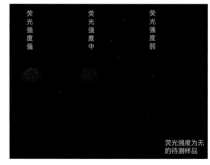

图 32　荧光强度为"无"的钻石荧光分级

3. 荧光分级的注意事项

最好在一张纸上分别绘出荧光比对石的净度素描图，标出克拉重量，以便随时检查，防止待比钻石与荧光比对石混淆。

荧光分级通常与颜色分级同步进行。但应在颜色分级完成之后再进行荧光强度的对比。因为有的钻石带有磷光，将会影响颜色分级的准确性。

因为荧光强度的分级较颜色分级容易得多，所以比对时将待分级钻石放在荧光比对石前面一点即可，不要放在荧光比对石的旁边，以免在暗环境中将待分级钻石与荧光比对石混淆。

注意观察冠部或亭部，必要时可边观察边转动，防止钻石表面反光与荧光相混。

经常检查长短波开关按钮，保证在长波下进行比对（因为不注意会按错按钮）。钻石在长短波下的荧光强度不同，有可能得出错误结论。

注意待分级钻石放置方向要与对比石一致，因为台面朝下或亭部朝下其荧光强度可能差别很大（图 33）。

荧光强度为"无"的钻石并不都是没有荧光，可能只是比荧光强度为"弱"的比对石稍弱而已。

镶嵌钻石首饰荧光对比应将钻石台面正对着紫外灯灯管，这样就能避免因紫外线照射不到钻石而出现荧光判断不准确的情况（图 34）。

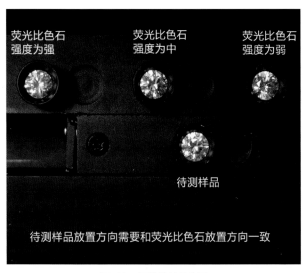

图 33　裸钻放置示意图

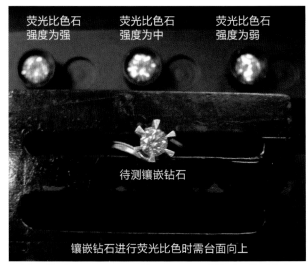

图 34　镶嵌钻石首饰放置示意图

第三节　钻石净度分级

一、概述

16 世纪前，钻石的品质是根据重量和形态划分的，颜色和净度不在考虑之列。巴西钻石的发现，使人们意识到内含物和颜色对钻石的影响。

20 世纪初随着南非钻石的大量发现，巴黎将钻石的净度分为肉眼不可见"镜下无瑕"（Loupe—Clean）和放大镜下可见"有瑕"（Pique）两个级别。1953 年美国宝石学院创始人之一的李·迪克先生，提出了一套 9 个等级的钻石分级体系方案：FL、VVS$_1$、VVS$_2$、VS$_1$、VS$_2$、SI$_1$、SI$_2$、I$_1$、I$_2$，1970 年又增添了 IF、I$_3$ 两个级别；与此同时，欧洲类似的钻石分级体系相继出台，分为 LC、VVS$_1$、VVS$_2$、VS$_1$、VS$_2$、SI$_1$、SI$_2$、P$_1$、P$_2$、P$_3$ 共 10 个级别，并提出以中性词"内含物"（Inclusions）取代"瑕疵"（Imperfect）这一贬义词，逐渐建立起现代净度分级体系。IDC 提出了净度分级中具有重大意义的"5μm"规则，为 10× 放大镜下分辨钻石内部内、外部特征确定的标准。

二、钻石净度分级定义

10× 放大镜下，采用比色灯照明方式，对钻石的内部和外部特征进行定性的等级划分。即系统全面观察钻石，找出净度特征（内含物），根据其位置大小、数量、可见度和对钻石美观、耐久的影响，最后定出钻石净度级别的过程。

定性的钻石净度等级划分不可避免地存在着诸多人为的因素，这与技术人员的观察能力、经验有很大的关系。如容易发现和比较容易发现之间没有截然的界线，不同的观察者，可能会有不同的认识和理念。鉴于此，

《GB/T 16554—2010 钻石分级》中明文规定，从事净度分级的技术人员应受过专门的技能培训，掌握正确的操作方法。由 2—3 名技术人员独立完成同一样品的净度分级，并取得统一认识和结果，尽可能减少人为的误差。

对于经过各种方法处理的钻石，尤其是激光打孔与裂隙充填钻石，是不需要进行净度级别判定的。

三、钻石净度分级影响因素

钻石净度分级就是对钻石内、外特征可见程度进行定性分级，钻石内、外部特征越容易被发现，对钻石净度影响越大，净度级别也就越低；反之越不容易被发现，对钻石净度影响越小，净度级别也相应越高。

1. 大小

内、外部特征的大小是决定净度级别的最重要因素，往往影响到大级的划分。在众多的分级体系中，无论是在商业性的分级还是在实验室中，观察内、外部特征均以 10 倍放大条件为准。

至于内、外部特征的绝对大小，国际钻石委员会（IDC）的研究人员在这方面已做了大量工作，并总结出著名的 5μm 规则。他们发现，在 10 倍放大条件下 5μm 是大多数人肉眼分辨的极限，即小于 5μm 的特征 10 倍放大条件下观察不到，大于 5μm 的特征 10 倍放大条件下可观察到，因此将 5μm 作为 LC 级与 LC 以下净度级别的划分界线。一般情况下，净度特征 ≤ 5μm 为 LC 级，5-50μm 为 VVS—SI 级，≥ 50μm 肉眼冠部可见，为 P 级。

2. 数量

显然，钻石的内、外部特征越多，净度等级也就越低，甚至也可以影响到大级的划分。例如：一个小的点状物可能定到 VVS 级，而由大量这样的点状物聚集在一起组成云状物时，就会影响钻石内部光线的传播，严重时会影响钻石的透明度、明亮度，净度级别则可能降到 P 级。

3. 位置

内、外部特征所在的位置也是影响钻石净度级别的重要因素。相同的净度特征因其所在位置不同会导致不同的净度级别，常常是划分小级的依据。一般说，位于台面下方的净度特征对净度的影响最大，依次是冠部、腰部和亭部。如：某净度特征出现在钻石台面的正下方时其净度为 SI_2 级，但如果这个净度特征出现在腰部或亭部，其净度级别就可能会是 SI_1 或 VS_2，其原因就是钻石台面下和冠部刻面下的净度特征相对容易被发现，而腰部、亭部的净度特征较难发现。

因此，按照位置的明显程度，我们将钻石划分为以下几个区，Ⅰ区、Ⅱ区、Ⅲ区和Ⅳ区，如图 37 所示，从Ⅰ区到Ⅳ区位置越来越不明显，对净度的影响也越来越小（图 35）。

4. 性质

同样大小、数量及处于同样位置的不同性质或类型的内、外部特征，它们对钻石净度级别的影响程度是不一样的，如晶体包裹体比云状物影响大，解理和裂隙影响程度要远大于生长纹，破损性内部特征影响最为严重。

5. 颜色和亮度

钻石中净度特征观察的难易程度除了受其大小、数量和所在位置的影响外，还和净度特征本身与钻石背景的反差大小有关。通常，暗色或有色包体较无色透明包体对比度高；有清晰边界的包体比无明显边界包裹对比度高，它们容易被观察到，所以对净度影响较大。

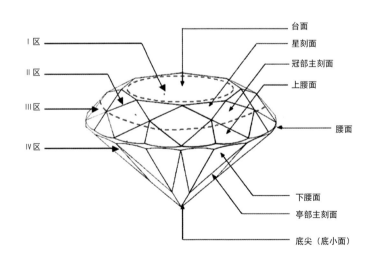

图 35　钻石净度分级分区示意图

四、钻石净度分级方法

依据分布在钻石的内部及表面特征的差异，划分为内部特征和外部特征两大类。

1.内部特征

指包含或从表面延伸至钻石内部的天然包裹体、生长痕迹和人为造成的缺陷。观察内部特征非常重要，因为它们是影响钻石净度等级的主要因素。

（1）点状包体

这是钻石所有内部特征中最小的，其尺寸大小应该稍微大于或等于5μm，10×放大镜下能够分辨出来，但看不清具体的形态，在钻石内部类似针尖大小，需要仔细辨认（图36）。

（2）云状物

是指钻石中呈朦胧状、乳状、无清晰边界的一类包体，有时也称雾状包体。云状物的成因较复杂，可以是由许多分散的固体颗粒组成，可以是由晶体的缺陷或错位造成，也可以是一系列微小的裂隙。一些云状物颜色很淡，用10×放大镜很难发现，需借助高倍显微镜观察（图37）。

（3）浅色包裹体和深色包裹体

矿物包裹体是包裹在钻石内部的矿物晶体。这些矿物包裹体大多是在钻石生成的早期包裹在其中的，是典型的原生包裹体。矿物包裹体的颜色多种多样，有无色、绿色、紫色、红色、棕色、黑色等。

钻石内部无色或白色矿物包裹体称为浅色包裹体（图38），其它颜色的矿物包裹体称为深色包裹体（图39），在净度分级时浅色包裹体和深色包裹体对净度的影响程度不一样，大小相近、且所处位置基本相同的深色包裹体与浅色包裹体相比，前者对净度的影响更严重一些。

图 36　点状包体

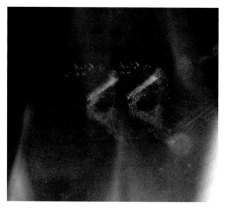

图 37　云状物

图 38　浅色包裹体

图 39　深色包裹体

（4）针状物

钻石内部包裹体呈长针状、棒状，轮廓边界清晰，大多数针状物为无色（图40）。

（5）内部纹理

是钻石内部的天然生长痕迹，亦称生长线、生长结构、内部生长纹等（图41）。

可有几种成因：①由双晶或晶格错动等原因而引起的钻石内部原子排列不规则，形成平行线状生长结构，称之为"双晶纹"。②由于钻石阶段性生长而形成的条带，常常呈平直或弯曲的线状、条带状，一组或多组出现，有些条带之间还可有颜色差别，称之为"色带"（图42）。

（6）内凹原始晶面

凹入钻石内部的天然结晶面。内凹原始晶面上常保留有阶梯状、三角锥状、平行条带状生长纹，多出现在钻石的腰部（图43）。

（7）羽状纹

钻石内部或从表面延伸至内部的裂隙，形似羽毛状（图44）。羽状纹的大小、形状千差万别，可以是封闭在钻石内部的也可与钻石表面连通，常有一个相对平整的面，也可以是凹凸起伏的。羽状纹的颜色多为乳白色或无色透明。有一些羽状纹的面上有黑色炭质薄膜，看上去与是黑色矿物包裹体相似，这是当钻石产生张裂隙时，内部压力骤减而使钻石转变成石墨所致。还有一些羽状纹常分布于某一些结晶包裹体的四周，为张裂隙。

图 40　针状物

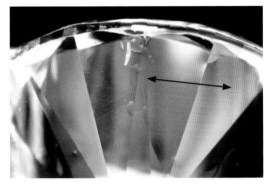

图 41　内部纹理生长纹

图 42　内部纹理（色带）

图 43　内凹原始晶面

（8）须状腰

腰上细小裂纹深入内部的部分（图45）。是在钻石打圆过程中，由于操作不当，钻石腰围局部压力过大，八面体解理面方向产生的一系列竖直的细小裂纹，形如胡须，故而得名。一般只在腰围附近出现。

（9）空洞

钻石上大而深的不规则破口。通常是指钻石内部的包裹体在切磨时崩掉留下的孔洞（图46）。

（10）激光痕

用激光束和化学品去除钻石内部的深色包裹体时留下的痕迹。形似管道或漏斗状的痕迹称为激光痕。激光痕因与钻石表面连通，有时可被高折射率的玻璃充填（图47）。

2. 内部特征小结表

各种常见的钻石内部特征类型及表示方法见表3。

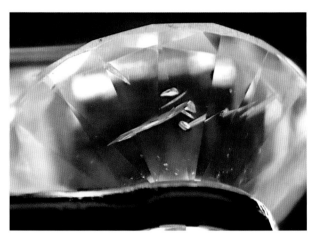

图 44　羽状纹

图 45　须状腰

图 46　空洞

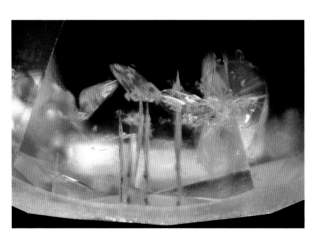

图 47　激光痕

表3 常见钻石内部特征类型

编号	符号	英文名称	名称	说明
1	·	Pinpoint	点状包裹体	钻石内部极小的天然包裹物
2		Cloud	云状物	钻石中朦胧状、乳状、无清晰边界的天然包裹物
3		Crystal Inclusion	浅色包裹体	钻石内部的浅色或无色天然包裹物
4		Dark Inclusion	深色包裹体	钻石内部的深色或黑色天然包裹物
5		Needle	针状物	钻石内部的针状包裹体
6		Internal Graining	内部纹理	钻石内部的天然生长痕迹
7		Extended Natural	内凹原始晶面	凹入钻石内部的天然结晶面
8		Feather	羽状纹	钻石内部或延伸至内部的裂隙，形似羽毛状
9		Beard	须状腰	腰上细小裂纹深入内部的部分
10		Cavity	空洞	大而深的不规则破口
11		Laser Mark	激光痕	用激光束和化学品去除钻石内部深色包裹物时留下的痕迹。管状或漏斗状痕迹称为激光孔。可被高折射率玻璃充填

3. 外部特征

外部特征是指暴露在钻石外表的天然生长痕迹和人为造成的缺陷。除少数几种外，外部特征多由人为因素造成，相对于内部特征，外部特征对钻石的净度影响较小，一些细小的外部特征可以通过重新抛光去除，从而对净度不产生影响。常见的外部特征有：

（1）原始晶面

钻石上保留的未经人工抛光的天然晶面。一般只出现于腰围及附近，原始晶面常呈明显的阶梯状、平行条带状、三角形状等生长花纹（图48）。

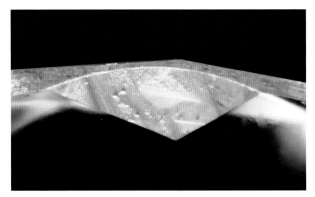

图 48　原始晶面

（2）表面纹理

钻石表面的天然生长痕迹。与内部纹理的成因基本相同，内部纹理出露在钻石的表面即为表面纹理。表面纹理常贯穿多个刻面，在刻面之间是连续的（图49）。

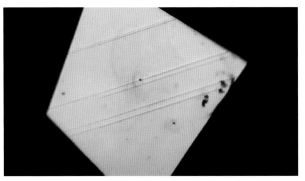

图 49　表面纹理

（3）抛光纹

由于抛光不慎在钻石表面留下的一组或多组平行的线状痕迹。

抛光纹的特点是在同一刻面内的抛光纹是平行排列的，相邻刻面抛光纹不连续，彼此有一定的夹角，以此可与外部生长纹区别。抛光纹采用内反射法观察效果比较明显，即让光线通过钻石内部反射回来将抛光纹形成的影像带入观察者眼中（图50）。

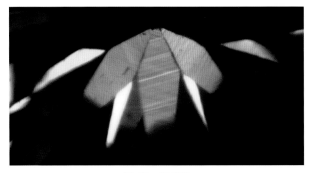

图 50　抛光纹

（4）刮伤

钻石表面很细的刮伤痕迹。通常是在钻石表面的一条很细的白线，如同玻璃被利器划过一样。钻石是已知世界上最硬的矿物，引起刮伤的原因是磨光盘上有较大的钻石抛光粉颗粒，在高速转动下可刻划钻石。此外裸钻混包在一起，钻石之间彼此摩擦也会造成表面的划刮伤（图51）。

图 51　刮伤（透射光下白色、半透明，反射光下深色、不透明，且可见该部分呈内凹状）

（5）烧痕

抛光不当在钻石表面留下的糊状疤痕。这种糊状的痕迹是清洗不掉的，如同钻石表面被米汤滴染过一般。由于抛光盘不洁净，加之操作人员技术欠佳，少量的抛光粉被高速摩擦产生的热能烧焦，粘在钻石表面，甚至热能直接使钻石表面燃烧碳化，造成这种糊状疤痕。（图52）。

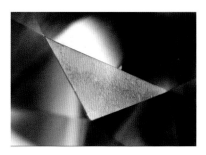

图 52　烧痕

（6）额外刻面

除规定的刻面之外所有多余的刻面。这可能是由于加工失误造成的，也可能是为了消除钻石表面某些内、外部特征而刻意切磨出来的刻面。额外刻面一般在腰围附近出现，也可以出现于其它刻面位置，额外刻面与原晶面区别在于，本身是一个多出来的平面，表面光滑，没有原始晶面的条纹或三角形标识，反光强（图53）。

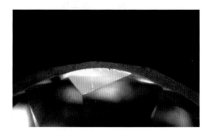

图 53　额外刻面

（7）缺口

钻石腰部或底尖上细小的撞伤。常呈"V"字形，其破损程度小于内部特征中的空洞或内凹原始晶面（图54）。

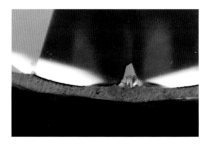

图 54　缺口

（8）击痕

钻石受到外力撞击留下的痕迹。围绕撞击中心有向外放射状的细小裂纹，当延伸至钻石内部时称之为"碎伤"，在刻面上表现为一个小白点（图55）。

图 55　击痕

（9）棱线磨损

钻石刻面的棱线受极轻微的损伤，使其由原来一条锐利的细直线条变为磨毛状。棱线磨损与外部特征中的缺口相比，前者是极轻微的损伤，而后者则是比较严重的损伤（图56）。

（10）人工印记

钻石中人工印记出现的地方一般是两个：台面和腰棱。某些品牌钻石，其台面中央会留下人工印记作为品牌标志（图57-图59）。更多的人工印记出现在钻石的腰棱上（图60-图62），例如证书号，检测机构名称，优化处理公司名称等。也有部分印记会出现在钻石其他刻面，例如星腰面（图63）、冠部主刻面（图64）。

人工印记及其影像在净度分级中出现时，钻石净度不作降级处理。

图 56　棱线磨损

图 57　人工印记 (DTC Forevermark 印记在钻石台面)

图 58　人工印记对于钻石净度的影响

图 59　人工印记对于钻石净度的影响

图 60　人工印记（检测机构在钻石腰围的印记）

图 61　人工印记（检测机构在钻石腰围的印记）

图 62　人工印记 [通用电气公司 (GE) 处理钻石印记]

图 63　人工印记（Tiffany 在钻星刻面的印记）

图 64　人工印记 [奥德法公司（Goldman Oved）处理钻石印记]

4. 外部特征小结表

各种常见的钻石外部特征类型及表示方法见下表 4。

表 4 常见钻石外部特征类型

编号	符号	英文名称	名称	说明
1		Natural	原晶面	为保持最大质量而在钻石腰部或近腰部保留的天然结晶面。
2		Surface Graining	表面纹理	钻石表面的天然生长痕迹。
3		Polish Lines	抛光纹	抛光不当造成的细密线状痕迹，在同一刻面内相互平行。
4		Scratch	刮伤	表面很细的划伤痕迹。
5	B	Burn Mark	烧痕	抛光不当所致的糊状疤痕。
6		Extra Facet	额外刻面	规定之外的所有多余刻面。
7		Nick	缺口	腰或底尖上细小的撞伤。
8	×	Pit	击痕	表面受到外力撞击留下的痕迹
9		Abrasion	棱线磨损	棱线上细小的损伤，呈磨毛状。
10	无	Inscription	人工印记	在钻石表面人工刻印留下的痕迹，在备注中注明印记位置

5. 外部和内部特征的标记流程

（1）思路

根据钻石的琢型作冠部和亭部的平面投影图（图65）；按钟表的刻度把投影图划成十二等分，冠部按照顺时间方向，亭部按照逆时间方向。将所观察到的特征用相应的符号按比例标记在投影图的相应位置上，用红色的笔划标记内部特征，而外部特征则用绿色笔划标记。

从冠部观察到的所有特征应标记在冠部的投影图上；而在亭部表面上的特征或只能从亭部观察到的特征则标记在亭部的投影图上；一些从冠部可观察到并延伸至亭部表面的特征或某一包裹体同时延伸到冠部和亭部的表面时，则应在冠部和亭部的投影图上都标记；分布在腰部的原晶面，如超出腰围上边界，则标注在冠部的投影图上；如超出腰围下边界或仅限于腰围上下边界范围内，则标注在亭部的投影图上。如果遇到某些复杂的特征同时又没有相应已知的标记符号时，就按它们的实际的形状和相对的大小来标记。

（2）流程

净度观察顺序应该遵循：台面——星小面——风筝面——上腰小面——亭部刻面——腰。

步骤一：从钻石上面找到一个比较典型的内部或者外部特征（钻石如果换了夹持位置，就很容重新找到并定位的），把这个典型特征画在图12点或者6点钟位置。

步骤二：第一个夹持钻石位置观察完毕，需要转动钻石，一般将钻石放在托盘上，镊子换90°，从另外一个方位将钻石夹起来（相对来说钻石位置转动90°，此时要注意钻石是顺时针转动还是逆时针转动），画的图也要跟着钻石相应地转动，而且必须与钻石顺时针或逆时针方向保持一致。这样操作4次左右，基本就能将钻石360°完整观察，并在图上相应标记，位置不会错开。

步骤三：符号标记过程中，首先从最明显的6、12点开始标记，一般从台面位置向周围刻面延伸。当你夹钻石这个位置有特征要标记的时候，冠部标注完毕，不要换位置，应将钻石翻过来，观察亭部，亭部上如有典型特征时，进行亭部标注。亭部标记完成，将钻石台面朝下放置于托盘中，镊子垂直腰棱夹持，将腰棱特征观察并标注，只有当冠部、亭部、腰围都标注完成，才开始将钻石整体换90°夹持。

步骤四：左右排列的冠部、亭部图位置应该成镜面对称，即12、6点位置不变，9、3点位置互换。除了这几个点外，其他位置类似镜子成镜像效果。

（3）注意事项

净度素描图的绘制用红、绿笔标注才有效。净度素描图所使用的图标必须是国家标准中规定的，不能自己随意创造新标记。常用的符号标记有：**内部特征**，羽状纹、浅色包裹体、深色包裹体、内凹原始晶面、空洞、云状物、内部纹理、点状包裹体、须状腰、激光痕等；**外部特征**，原始晶面、额外刻面、抛光纹、击痕（底尖破损，以底尖白点大小为依据）、其他特征可以稍微放在次要地位。

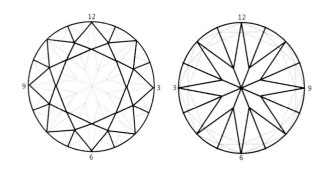

图 65　钻石冠、亭部投影图　（净度素描图）

如果有内部特征在钻石内部，刚好所处位置，冠部、亭部都能观察到，这是要以观察位置最好、效果最明显的地方进行标注。尤其是羽状纹，由表面向内部延伸裂开，此时冠亭部都能见，则以羽状纹裂口所处位置为准。

腰部特征（原始晶面、内凹原始晶面、须状腰、额外刻面、缺口等），标注过程中要根据冠亭部位置来准确定位，不能随意标注。

影像的画法，如果钻石内部的包裹体产生多个影像，要注意画图只能画实际存在包裹体，影像不能在图上表示出来。只是在进行净度定级时，人为进行降级处理。

底尖破损，一般要求从台面上观察底尖刻面棱交汇处（即"米"字型位置），有白色点，即视为底尖破损，根据白色点大小确定底尖破损严重程度。但进行画图时，只能在亭部进行标注，而且用击痕符号表示。

五、钻石净度级别及划分原则

1. 钻石净度级别的划分

根据钻石分级国家标准（GB/T 16554—2010），对于 < 0.47ct 钻石可分为 LC、VVS、VS、SI、P 五个大级；对于 ≥ 0.47ct 钻石需进一步细分为 FL、IF、VVS_1、VVS_2、VS_1、VS_2、SI_1、SI_2、P_1、P_2、P_3 十一个小级；对于镶嵌钻石，分为 LC、VVS、VS、SI、P 五个大级。具体见表 5。

表 5 中国标准钻石净度等级表

裸钻		镶嵌钻石
≥ 0.47ct	< 0.47ct	
FL	LC	LC
IF		
VVS_1	VVS	VVS
VVS_2		
VS_1	VS	VS
VS_2		
SI_1	SI	SI
SI_2		
P_1	P	P
P_2		
P_3		

2. 钻石净度级别的判定

现将钻石分级国家标准（GB/T 16554—2010）规定的净度级别分别进行归纳阐述。

（1）LC 级

又称镜下无暇级（Loupe Clean），是指 10× 放大镜下，未见钻石具内、外部特征（图 66）。细分为 FL 级（无瑕级）和 IF 级（内部无瑕级）两个级别（表 6）。

LC 级允许额外刻面位于亭部，冠部不可见；原始晶面位于腰围上下边界范围内，不影响腰部的对称，冠部不可见；内部生长线无反射现象，不影响透明度；钻石内、外部有极轻微的特征，轻微抛光后可除去。

图 66 LC 级

表 6 LC 级特征描述

净度级别		净度程度描述	净度描述
LC 级	FL 级	10× 放大镜下，未见钻石内、外部特征，左边外部特征情况仍然属于 FL 级	额外刻面位于亭部，冠部不可见
			原始晶面位于腰围内，不影响腰部的对称，冠部不可见
	IF 级	10× 放大镜下，未见钻石具内部特征，左边特征情况仍然属于 IF 级	内部生长纹无反射现象，不影响透明度
			钻石内、外部有极轻微的特征，轻微抛光后可除去，例如额外刻面位于亭部，冠部不可见；原始晶面位于腰围内，不影响腰部的对称，冠部不可见

（2）VVS 级

又称极微瑕级（Very Very Slightly Included），是指在 10× 放大镜下，钻石具极微小的内、外部特征。VVS 级根据内、外部特征的大小、分布位置等因素，即根据观察的难易程度细分为 VVS₁（图 67）和 VVS₂（图 68）两个级别（表 7）。

VVS 级允许有较容易发现的外部特征，如额外刻面、原晶面、小划痕或微小的缺口等。极少量的可见度低的针点状物、发丝状小裂隙（位于亭部）。轻微的须状腰。少量的有反射的生长纹、微弱的云状雾等。

VVS 级与 IF 级的区别是 VVS 级含少量微小的内含物，而 IF 只有不明显的外部特征。

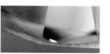

延伸到下腰面的原始晶面
（40X）

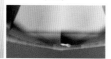

延伸到下腰面的原始晶面
（40X）

VVS₁（10X）
星刻面可见点状包裹体
原始晶面从腰棱延伸到下腰面

VVS₁（10X）
亭部主刻面可见轻微生长纹

图 67　VVS₁ 级

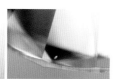

下腰面靠近腰棱处可见细小
浅色包裹体（40X）

VVS₂（10X）
上腰面可见较明显内部纹理

VVS₂（10X）
台面往下可见几个小点状包裹体

图 68　VVS₂ 级

表 7　VVS 级特征描述

净度级别		净度程度描述	净度描述
VVS 级	VVS₁ 级	钻石具有极微小的内、外部特征，10× 放大镜下极难观察	Ⅰ区：一般不允许有任何内部特征 Ⅱ区、Ⅲ区：极少量的可见度低的针点状物或极淡的云雾 腰部区：极轻微的须状腰
	VVS₂ 级	钻石具有极微小的内、外部特征，10× 放大镜下很难观察	Ⅰ区：极少量的针点状物或极淡的云雾 Ⅱ区、Ⅲ区、Ⅳ区：少量的针点状物、淡的云雾及微裂隙 腰部区：轻微的须状腰

（3）VS 级

又称微瑕级（Very Slightly Included），是指在 10× 放大镜下，钻石具细小的内、外部特征，VS 级根据内、外部特征的大小、分布位置等因素，即根据观察的难易程度细分为 VS₁（图 69）和 VS₂（图 70）两个级别（表 8）。

VS 级允许有较容易发现的羽状纹等内部特征，外部特征除原始晶面及冠部可见的额外刻面外，其它轻微的外部特征对该级别的影响不大。

VS 级与 VVS 级区别是在 10 倍放大条件下，前者可以观察到内、外部特征，尽管比较困难，而后者则几乎观察不到。

上腰面和腰棱交界处可见细小羽状纹（40X）

腰围轻微须状腰（40X）

VS₁（10X）
腰围有轻微须状腰、
上腰面和腰棱交界处可见细小羽状纹

VS₁（10X）
底尖极轻微破损
台面可见细小羽状纹腰围可见轻微须状腰

图 69 VS₁ 级

VS2（10X）
台面靠中间位置可见小团云状物

台面小团云状物（40x）

VS2（10X）
台面与星刻面交界处可见一小的浅色包裹体
上腰面可见一细小深色包裹体

图 70 VS₂ 级

表 8 VS 级特征描述

净度级别		净度程度描述	净度描述
VS 级	VS₁ 级	钻石具细小的内、外部特征，10× 放大镜下难以观察	Ⅰ区：针尖状物或淡云雾、底尖轻微破损 Ⅱ区、Ⅲ区：冠部其它面，轮廓不太清楚的细小浅色晶体包裹体 腰部区：不明显的须状腰或细小的缺口、内凹原晶面、较难观察的短丝状羽状纹
	VS₂ 级	钻石具细小的内、外部特征，10× 放大镜下比较容易观察	Ⅰ区：细小的晶体包裹体、点群包裹体、明显的云雾、底尖破损 Ⅱ区、Ⅲ区：冠部其它面有细小晶体包裹体、丝状羽状纹 腰部区：小缺口、内凹原始晶面、平行腰棱的线状羽状纹或斜交腰棱的细小羽状纹

（4）SI 级

又称瑕疵级（Slightly Included），是指在 10× 放大镜下，钻石具明显的内、外部特征，SI 级根据内、外部特征的大小、分布位置等因素，即根据观察的难易程度细分为 SI₁（图 71）和 SI₂（图 72）两个级别（表 9）。

SI 级允许有用 10× 放大镜观察较容易发现的内、外部特征。

SI₁ 级与 SI₂ 级的区别在于 SI₁ 级的内含物肉眼从任何角度无论如何都看不见，SI₂ 级的内含物肉眼从亭部观察界于可见与不可见之间。

SI 级钻石与 VS 级区别在于 SI 级钻石用 10× 放大镜即可很容易发现内、外部特征，但 VS 级用 10× 放大镜观察内、外部特征，比较困难。

SI₁（10X）
台面可见小团深色包裹体，较明显的原始晶面从腰棱延伸到下腰面与亭部主刻面交界处，风筝面和上腰面可见小的浅色包裹体及其影像

台面小团深色包裹体（40X）

从腰棱延伸到下腰面与亭部主刻面的原始晶面（40X）

SI₁（10X）
台面靠中间位置可见一团较明显云状物，冠部主刻面可见轻微内部纹理，上腰面和风筝面交界处可见一细小羽状纹

图 71 SI₁ 级

SI₂（10X）
台面和星刻面交界处的一较明显深色包裹体和一细小羽状纹，星刻面和冠部主刻面交汇处可见一细小羽状纹，星刻面上一细小羽状纹，上腰面可见羽状纹及黄色浸染外来物质，腰围可见明显须状腰

须状腰（40x）

台面和星刻面交界处的较明显深色包裹体和细小羽状纹（40x）

SI₂（10X）
贯穿上腰面、冠部主刻面的一条明显线状羽状纹

图 72 SI₂ 级

表 9 SI 级特征描述

净度级别		净度程度描述	净度描述
SI 级	SI₁ 级	钻石具明显的内、外部特征，10× 放大镜下容易观察	Ⅰ区：明显的浅色晶体包裹体、明显的云雾 Ⅱ区、Ⅲ区：冠部其它面有明显的线状羽状纹 腰部区：缺口、小的面状羽状纹
	SI₂ 级	钻石具明显的内、外部特征，10× 放大镜下很容易观察	Ⅰ区：明显内部特征，明显的云雾 Ⅱ区、Ⅲ区：明显内部特征 腰部区：缺口、内凹原始晶面等 Ⅳ区：肉眼观察特征介于可见和不可见之间

（5）P级

又称为重瑕疵级（Pique），是指从冠部观察，肉眼可见钻石具内、外部特征，P级根据内、外部特征的大小、分布位置等因素，即根据观察的难易程度细分为 P_1（图73）、P_2（图74）、P_3（图75）三个级别（表10）。

P级钻石与SI级区别在于P级钻石肉眼从冠部观察即可发现特征，但SI级钻石用10×放大镜可很容易发现内、外部特征，但特征肉眼冠部不可见。

P_1 （10X）

亭部羽状纹可从上腰面、风筝面明显观察到，台面可见小团云状物及小的浅色包体。

P_2 （10X）

一条明显的面状羽状纹贯穿上腰面、风筝面与台面，影响钻石耐久性，亭部一条羽状纹从星刻面、风筝面及上腰面位置明显可见。钻石内部大量细小羽状纹杂乱分布。

P_3 （10X）

钻石内部大的面状羽状纹冠部清晰可见，严重影响钻石耐久性、透明度、亮度及火彩。

P_1 （10X）

钻石内部可见明显羽状纹、云状物，一定程度影响钻石亮度、火彩。

图 73 P_1 级

P_2 （10X）

钻石内部多条羽状纹、浅色包体及深色包体，冠部清晰可见。腰围明显须腰，底尖明显破损。

图 74 P_2 级

P_3 （10X）

钻石内部明显的面状羽状纹，形成多个影像，冠部清晰可见，钻石耐久性、透明度、亮度及火彩严重受到影响。

图 75 P_3 级

表 10 P 级特征描述

净度级别		净度程度描述	净度描述
P 级	P_1 级	钻石具明显的内、外部特征，肉眼可见	肉眼从冠部观察界于可见与不可见之间。典型的特征有明显的深色包裹体较大的裂纹，清楚的云雾等，这些特征对于钻石亮度、透明度、火彩有一定影响，但钻石整体光学效果还良好，对钻石耐久性无影响
	P_2 级	钻石具很明显的内、外部特征，肉眼易见	肉眼从冠部容易看见大或多的内含物，它们对钻石的亮度有明显的影响，使钻石看上去变得暗淡、呆板，影响钻石的亮度、透明度和火彩
	P_3 级	钻石具极明显的内、外部特征，肉眼极易见并可能影响钻石坚固度	肉眼很容易看见数目极多或个体极大的特征，例如由于包裹体钻石局部呈现云雾状，它们不但影响了钻石的透明度和明亮度，还影响了钻石的耐久性。实际已和工业用金刚石相差无几，但是它是研究包裹体的宝石学家和矿物学家的最爱之一

六、钻石净度分级流程

系统观察是为了保证详尽无遗地观察到整个钻石，找出隐蔽在每个角落的内部和外部特征，为正确判定钻石的净度等级打好基础。所以，系统观察就是要有计划、有步骤、循序渐进地进行，保证钻石的各个部分都能被充分地观察到，而没有遗漏。观察内外部特征时一般遵循以下顺序的原则：

观察钻石的冠部，首先观察台面，依次观察其余冠部刻面。

观察钻石的亭部，首先观察亭部主刻面，再观察下腰小面。

观察钻石的腰棱，经常可以在腰棱位置观察到原晶面、内凹原始晶面、胡须、额外刻面、缺口等典型特征，因此，不要漏掉腰棱的位置。

外部特征的观察，采用不同的照明方式，遵循从冠部到亭部再到腰棱的观察顺序观察。

此外，在进行内外部特征观察时，正确使用各种夹持钻石的方法也很重要（表11）。

表 11 钻石夹持方式及观察目的

夹持示范	夹持名称	夹持目的	夹持方式
 夹持方法1：镊子平行钻石腰棱的夹持 镊子与钻石夹持角度　　夹持钻石观察角度及区域 使用该夹持方式夹取钻石，观察位置为如图所示灰色区域，观察完成后，需将钻石放在钻石布上，顺时针或逆时针转动镊子90°，继续相同灰色区域的观察，直至钻石转动360°一周观察完毕	平行腰棱夹持法	主要用于通过钻石的台面观察内部特征，观察钻石冠部及亭部的外部特征和切工的评价。	钻石台面向下放在工作台上，镊子与钻石台面平行夹住钻石的腰棱。
 夹持方法2：镊子倾斜钻石腰棱的夹持 镊子与钻石夹持角度　　夹持钻石观察角度及区域 使用该夹持方式夹取钻石，观察位置为如图所示灰色区域，观察完成后，需将钻石放在钻石布上，顺时针或逆时针转动镊子90°，继续相同灰色区域的观察，直至钻石转动360°一周观察完毕	倾斜腰棱夹持法	主要用于透过冠部的倾斜小刻面和亭部的刻面来观察内部特征。采用这种方式的作用是使观察的视线与刻面垂直，消除表面反光。	钻石台面向下放在工作台上，手持镊子向下倾斜夹住钻石的腰棱。如果夹好后角度不够合适，可用右手上拿着的放大镜的金属框轻轻地推动钻石，调整角度。如果有经验，也可以直接从平行夹持的状态，用放大镜的金属框推到倾斜状态。这时，最好用带锁扣的镊子。

夹持示范		夹持名称	夹持目的	夹持方式
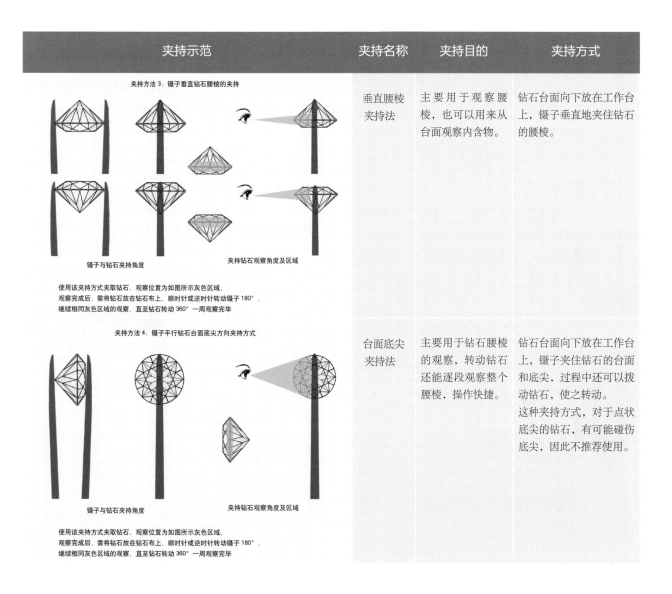		垂直腰棱夹持法	主要用于观察腰棱，也可以用来从台面观察内含物。	钻石台面向下放在工作台上，镊子垂直地夹住钻石的腰棱。
		台面底尖夹持法	主要用于钻石腰棱的观察，转动钻石还能逐段观察整个腰棱，操作快捷。	钻石台面向下放在工作台上，镊子夹住钻石的台面和底尖，过程中还可以拨动钻石，使之转动。这种夹持方式，对于点状底尖的钻石，有可能碰伤底尖，因此不推荐使用。

夹持方法 3：镊子垂直钻石腰棱的夹持

镊子与钻石夹持角度　　　　夹持钻石观察角度及区域

使用该夹持方式夹取钻石，观察位置为如图所示灰色区域，
观察完成后，需将钻石放在钻石布上，顺时针或逆时针转动镊子 180°，
继续相同灰色区域的观察，直至钻石转动 360° 一周观察完毕

夹持方法 4：镊子平行钻石台面底尖方向夹持方式

镊子与钻石夹持角度　　　　夹持钻石观察角度及区域

使用该夹持方式夹取钻石，观察位置为如图所示灰色区域，
观察完成后，需将钻石放在钻石布上，顺时针或逆时针转动镊子 180°，
继续相同灰色区域的观察，直至钻石转动 360° 一周观察完毕

七、钻石净度常见问题

在净度分级实践中会遇到许多问题，需依靠所掌握的知识和平时的经验积累，根据实际情况进行分析解决。下面是一些最常见的问题。

1. 镊子影像

由于镊子夹着钻石，各种琢型的钻石都会对镊子产生影像（图76、图77）。镊子所夹持的位置附近区域，经常为镊子的影子所占据，很难看清楚被镊子影像掩盖范围内的内含物情况。解决这一问题的最好办法是换一个夹持位置，让原被夹持的位置充分暴露出来，例如被放置到"6点钟或12点钟"的位置后再进行观察。

此外，镊子头部锯齿影像，还可能被映射到钻石中

的其它区域，即不在夹持的位置上，看起来像羽状纹。但从镊子所具有的金属光泽的特征和锯齿的形状还是可以识别。并且，如变换一个观察角度，镊子影像就会发生变化甚至消失，如果是羽状体则不会发生如此明显的变化。

2. 刻面对内含物的影像

如果内含物位于几个相邻的刻面之间某一合适的位置上，例如在一面棱的下方，就会被相邻的刻面反射或折射，观察时会看到多个内含物的像。尤其当内含物靠近底尖位置，会形成所谓的"环状影像"（图78、图79）。环状影像具有几何对称，每一个内含物的像又完全一样，不至于误认。当这种环状影像从冠部一侧可见时，会极大地增加内含物的可见性，导致净度级别的下降。另一方面，影像也可用来区别内含物与表面灰尘。

图 76　有镊子影像钻石（红色圈内为镊子影像）

图 77　无镊子影像钻石

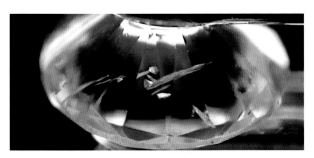

图 78　羽状纹

图 79　羽状纹的环状影像

3. 花式钻石的观察

观察花式钻的净度特征，比观察标准圆钻更困难。原因是圆钻的对称性好，每一部分的刻面反射形式是相同的，容易掌握，而花式钻不同部位刻面的反射形式不一。尖端部位，如马眼形、水滴形和心形等琢型的尖端，反射作用更为强烈，不易观察。即便是祖母绿或阶梯状琢型的花式钻，其腰棱附近也是相当不好观察的区域。对于花式钻，要更加细心，从更多角度进行观察。

4. 内部点状包裹体与表面灰尘的区别

在观察较高净度钻石时，必须有效区别出表面灰尘和针点状内含物，不然，净度级别的判定可能发生相当大的错误。即使钻石在观察之前已被彻底地清洗干净，仍然要遇到这一难题。因为，在观察过程中，仍会不断有尘埃落到钻石上。解决的办法有：

方法一：用棉签、毛刷等工具清除灰尘。但是，如果这些工具本身不够干净，就达不到清除的目的。

方法二：使用清洗液。把擦拭过的钻石浸入干净的清洗液中搅拌，取出后不待清洗液蒸发，立即进行观察。这时清洗液均匀地覆盖在钻石的表面，形成一层液体层，表面灰尘在液体中可以游动，而点状包裹体位置适中不变，此外使用酒精可以减弱表面反光，更有利于观察钻石的内部。

方法三：用各种观察技巧来区别表面灰尘和内含物。可用的观察技巧有：反射光观察法、平面对焦法、摆动观察法等。但这些方法只能在表面灰尘极少的情况下使用，并且需要更多的经验，往往不如方法二有效。

5. 原始晶面、额外刻面的区分

额外刻面（图 80）是多余的抛光平面，不属于标准的 57/58 面的范畴，但额外刻面会跟 57 或 58 刻面一样进行抛光，因此刻面表面会光滑、平整，具有明亮的金刚光泽。具体区分如下所示：

（1）位置区分

原始晶面只会出现在钻石腰围附近，额外刻面可以出现在钻石任何位置，但以腰围附近出现的概率高些。

（2）表面状况

原始晶面是钻石天然形成的，一般保留下来会有平行条纹、三角座（凹坑）或阶梯状纹理，光泽亮度介于抛光刻面和粗磨面之间，一般为油脂光泽（图 81）。

6. 抛光纹和内、外部生长纹的区分

内部生长纹，直接 10× 放大镜观察钻石内部，类似于显微镜的暗域照明，这时内部生长纹可以是白色线

图 80　额外刻面

图 81　原始晶面

条，也可以是透明状，类似水波纹一样。

表面生长纹直接采用表面反射法观察效果明显，表面生长纹感觉是浮在钻石刻面上，不透明灰色调。具体区分如下所示：

（1）分布状态

抛光纹出现后相邻刻面上抛光纹方向不一样，刻面与刻面之间抛光纹是不连续的；（图82）

内、外部生长纹是钻石晶体结构特征的反映，因此与钻石切磨抛光无关，不受刻面形态影响，分布在钻石内部和表面，纹理方向平行一致，刻面与刻面之间连续分布。（图83）

（2）观察方法

抛光纹一般采用内反射法观察，即通过钻石内部观察对面刻面上是否有抛光纹。

图 82　抛光纹

图 83　表面生长纹

图 84　云状物

7. 羽状纹与云状物的区分

通过钻石冠、亭部对比观察仔细判别，如果羽状纹裂口在冠部，在亭部见到影像概率很高，反之，裂口在亭部，那在冠部见到影像的概率很高，具体区分要点如下：

云状物是钻石内部实际存在的物质类东西（图84），无论钻石怎样变换不同角度和位置，云状物的形态、大小和位置都不会发生改变。较淡云状物可借助酒精观察，钻石蘸酒精后，不待酒精挥发，直接观察，云状物会变得透明，能看到由很多小白点组成。

羽状纹是钻石裂隙呈一定宽度（图85、图86），有灰白色，有时裂隙会在钻石内部形成一定大小的影像，通过变换位置和角度，通过影像大小、位置、形状的改变来判断裂隙实际所处位置，一般裂隙面由钻石表面向内部延伸，可以在相应钻石表面位置可以找到裂口。

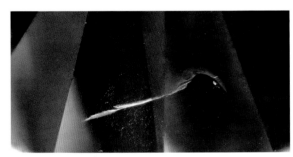

图 85　穿越云状物的羽状纹

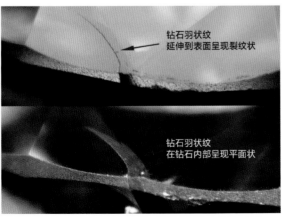

图 86　羽状纹

8. 内凹原始晶面、空洞的区分

内凹原始晶面是内凹入钻石内部的天然结晶面。内凹面上常保留有阶梯状、三角锥状、平行条带状生长纹，多出现在钻石的腰部（图87）。

空洞是钻石内部的包裹体在切磨时崩掉留下的空洞，凹陷处较深，边缘与洞口较为陡峭，凹陷缺口不规则。（图88）

内凹原始晶面一般出现在腰围附近，空洞则出现于腰围以外的区域。

9. 深色包裹体与表面黑色印记区分

钻石表面黑色物质，在钻石大刻面或者刻面棱位置比较明显，呈黑色丝线状或者面状分布，主要是镊子或者其他金属物质在上面留下的刮痕。这些刮痕酒精无法清洗。需要用浓硫酸进行煮沸才能清洗。平时见到这种现象就需要经验判断。

首先正面观察黑色物质，黑色呈丝状、面状分布，仅限钻石表面，没有向内部延伸，平面状，无立体感。这时将钻石倾斜，变换观察角度，利用表面反射光线观察黑色物质位置，如果表面呈金属光泽的反光，而且颜色不是黑色，呈银白色，即可以判断为表面脏物。如果倾斜观察仍为黑色，则可以判断为内部暗色包裹体（图89-图91）。

图 87　内凹原始晶面

图 88　空洞

图 89　表面黑色印记（反射光）

图 90　表面黑色印记（透射光）

图 91　深色包裹体（透射光）

第四节　钻石切工分级

一、概述

切工在钻石的品质评价中同样占有重要的地位，钻石的美丽除了颜色、净度等自身因素外，更多的取决于人们对钻石精良的切割，才能充分地展示出钻石好的亮度、火彩和闪烁效应，使钻石璀璨夺目。

钻石是人类迄今所发现的最坚硬的材料，发现于公元前 4 世纪的印度。钻石曾经象征着无上的权利，人们对其充满了敬畏，不敢进行加工。直到 14 世纪中叶，欧洲和印度的工匠才开始对钻石进行加工。

1. 圆钻型琢型的演变过程

尖琢型（Point Cut）是钻石的最早抛磨形态，仅限于将八面体的 8 个晶面磨光滑，磨削量很少，故又可称之为结晶体琢型。

桌形琢型（Table Cut）出现于 15 世纪中至末期，一直沿用到 17 世纪。该琢型是在尖琢型基础简单地磨掉八面体的一个角顶而成。

玫瑰琢型（Rose Cut）从 16 世纪初开始出现，一直盛行至 19 世纪。为平底、拱顶，顶部为小的三角形小面覆盖。这种琢型的效果令人赏心悦目，重量损失小，而且扁平晶体也可制成玫瑰琢型。其缺点是火彩不足。后来发展为双玫瑰琢型。

单多面形琢型（Single Cut）是近代圆钻式琢型的雏形，初现于 17 世纪中叶。其特点是一台面加八个冠部刻面和八个亭部刻面，有时也可有一个底面，所以又称为单翻或八面切。至今仍有许多小钻采用这种琢型。

双多面形琢型（Double Cut）是由单多面形琢型逐渐发展而来的，又称为双翻。其外形似垫子，总共有 34 个小面，其中 16 个在冠部，16 个在亭部，再加 1 个台面和 1 个底面，许多人称这是由马扎林（Mazarin）

主教倡导的结果，故又称之为马扎林琢型。

三重多面形琢型。随着巴西钻石的发现，钻石业迈上了一个新的台阶，同时欧洲工业革命的兴起，科学技术也有了一个极大的提高，钻石的加工得到了极大的发展。很多文献都将该款琢型的出现归功于威尼斯的钻石抛磨工匠帕鲁兹（Vincenzic Peruzzi），他把小面数增加到 58 个，但形态仍是不规则的。如老矿琢型（Old-Mine Cut）、古典欧洲琢（O1d-European Cut）等逐渐接近现代明亮式琢型。

现代明亮式琢型（Modern Brilliant Cut）始于 20 世纪初，1919 年马歇尔·托尔科夫斯基（Marcel Tolkowsky）根据光学原理，经过计算提出最佳角度和比例，以产生最大的亮度和火彩。马歇尔·托尔科夫斯基早期设计的现代圆多面形琢型在美国被广泛采用，因此也被称为美国理想式琢型（American Ideal Cut）或标准圆钻型切工。近几十年来，现代圆多面形琢型的发展日益完美，抛光面越来越多，而琢磨精度要求也越来越高。

2. 常见花式钻石琢型

花式琢型（Fancy Cut）是除标准圆钻型切工以外的其他现代钻石琢型。据估计，大约只有 2% 的钻石原石加工成该琢型。这主要是由于最终的抛磨形态在很大程度上依赖于原石形态，以提高钻石的出成率，而较多的钻石原石适合于制成圆多面形琢型，而不是花式琢型；另一个主要因素是花式琢型的生产成本较高，只有少数有经验的抛磨工匠能够制作，而且是一件极花时间的工作，因此，生产商常常不愿意生产这种琢型。花式琢型基本上分为多面形琢型，包括橄榄型、梨型、卵型和心型等；阶梯形琢型，常见正方形和祖母绿型等。此外，现在钻石也常被制成一些奇特的形状，其中有马头、鱼、十字架、月牙形和肖像等。几乎每年对现有琢型都有一些改进型，或者出现一些新的琢型。

二、钻石切工分级定义

切工分级是通过观察和测量钻石，从比率和修饰度两个方面对钻石加工工艺完美性进行等级划分。

钻石切工分级对象主要针对标准圆钻型切工的钻石，标准圆钻型切工是由 57 或 58 个刻面按一定规律组成的（图 92、图 93）。

三、钻石切工分级方法及流程

钻石切工分级可以通过仪器测量和 10× 放大镜目测获得相关数据并进行评价，不管使用哪种方法获得数据，根据《GB/T16554–2010 钻石分级》国家标准规定，切工分级流程均如图 94 所示。

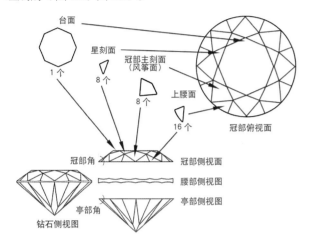

图 92　钻石冠部图及其刻面名称

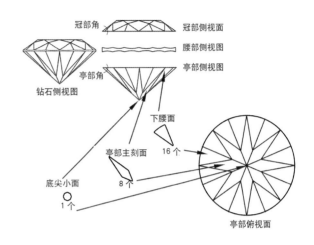

图 93　钻石亭部图及其刻面名称

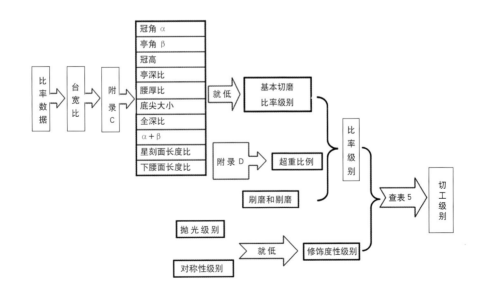

图 94　钻石切工分级流程

四、钻石比率评价

钻石切工比率的主要评价指标有：台宽比、冠角（α）、亭角（β）、冠高比、亭深比、腰厚比、底尖比、全深比、α+β、星刻面长度比、下腰面长度比等项目。

1. 比率的定义

比率亦称为比例，是指以平均直径为百分之百，其他各部分相对它的百分比。

平均直径：钻石腰部圆形水平面的直径。其中最大值称为最大直径，最小值称为最小直径，（最大直径＋最小直径）/2 的值称为平均直径。

标准圆钻型各部分长度及角度见图 95，各比率值定义见表 12。

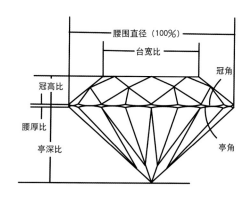

图 95　标准圆钻型琢型的各种比率示意图

表 12　比率值及其定义

台宽比	台面宽度相对于平均直径的百分比，台宽比＝（台面宽度/平均直径）×100%
冠角（α）	冠部主刻面与腰围所在的水平面之间的夹角
亭角（β）	亭部主刻面与腰围所在的水平面之间的夹角
冠高比	冠部高度相对于平均直径的百分比，冠高比＝（冠部高度/平均直径）×100%
亭深比	亭部深度相对于平均直径的百分比，亭深比＝（亭部深度/平均直径）×100%
腰厚比	腰部厚度相对于平均直径的百分比，腰厚比＝（腰部厚度/平均直径）×100%
底尖比	底尖最大直径相对于平均直径的百分比，底尖比＝（底尖直径/平均直径）×100%
全深比	全深相对于平均直径的百分比，全深比＝（全深/平均直径）×100%
α+β	冠角和亭角度数相加之和
星刻面长度比	星刻面顶点到台面边缘距离的水平投影相对于台面边缘到腰边缘距离的水平投影的百分比，星刻面长度比＝（星刻面顶点到台面边缘距离的水平投影/台面边缘到腰边缘距离的水平投影）×100%
下腰面长度比	相邻两个亭部主刻面的联结点，到腰边缘最近点之间距离的水平投影相对于底尖中心到腰边缘距离的水平投影的百分比，下腰面长度比＝（相邻两个亭部主刻面的联结点，到腰边缘最近点之间距离的水平投影/底尖中心到腰边缘距离的水平投影）×100%

2. 常见比率评价

钻石的比率值测量方法主要有两种，仪器测量和10× 放大镜下目测法。

仪器测量主要利用钻石比例仪（手动和全自动）、千分尺、比率分析目镜等仪器、工具进行测量，这种方法多应用于实验室。

10× 放大镜目估法主要用于贸易中。本书主要对10× 放大镜目估法进行详细介绍。

目估法借助于10× 放大镜估测钻石的各个比率值，是目前钻石分级中最常用亦是最简便、经济的方法，特别是在贸易中尤为重要。主要集中于台宽比、亭深比、腰厚比、冠角、底尖比、星刻面长度比、下腰面长度比、超重比等项目的观察测量。

（1）台宽比的目估

测量方法主要有弧度法（表 13）和比率法。根据取点位置的不同，比率法又细分为两种。

a) 弧度法

采用弧度法估计钻石台宽比时，一定要从钻石台面的正上方去观察，如果观察方向不与台面垂直，则估计出来的误差会较大。一般来说，从台面上方观察钻石，将钻石的底尖调整到台面的中心点，则是最理想的观察方向。另一个需要注意的问题是放大镜的焦平面应聚焦

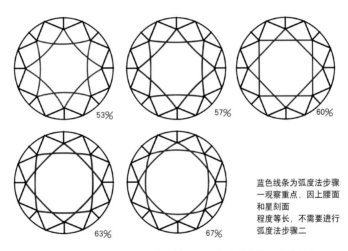

53%   57%   60%

63%   67%   蓝色线条为弧度法步骤
一观察重点，因上腰面
和星刻面
程度等长，不需要进行
弧度法步骤二

图 96　星刻面与上腰刻面等长情况下，台宽比步骤一实施要点

星刻面和上腰面等长
在步骤一台宽比为 60% 基础上，
不需要进行台宽比的修正

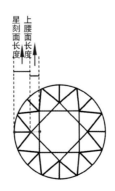

星刻面长度　上腰面长度

刻面长度为上腰面长度二
之一时，在步骤一台宽比
60% 的基础上减去 6%，
终台宽为 54%

图 97　台宽比 60% 时，星刻面与上腰刻面不等长情况下台宽比的增减

表 13 弧度法

方法名称	定义	操作方法	具体评价操作细则		
			弯曲程度描述	台宽比(%)	1、当星小面与上腰小面等长时，步骤一结果不需要修正。 2、当星小面长度大于上腰小面时，步骤一结果加 1-6%； 3、当星小面长度小于上腰小面时，步骤一结果减 1-6%； 一般星小面长度和上腰小面两者长度相差一倍时，加减 6%；相差很小时不需加减，其他情况酌情处理
弧度法	利用台面棱与相邻的两个星小面棱组成的线段（即台面上近似正方形的一条边）的弯曲程度来目测台面的百分比，弧度法受各刻面大小和对称性的影响	步骤一：观察台面棱与相邻的两个星小面棱组成的线段的弯曲程度； 步骤二：估算星小面与相腰小面相对长度比例，对步骤一的值进行修正。	明显向内弯曲	53%	
			稍微内弯曲	58%	
			呈现一条直线	60%	
			稍微向外弯曲	63%	
			明显向外弯曲	67%	

于台面和星刻面构成的正方形棱线（图 96、图 97）。

b) 比率法

采用比率法估计钻石台宽比时，一定要从钻石台面的正上方去观察，如果观察方向不与台面垂直，则估计出来的误差会较大。一般来说，从台面上方观察钻石，将钻石的底尖调整个台面的中心点，则认为是最理想的观察方向。另一个需要注意的问题是放大镜的焦平面应聚焦于上腰棱线，而不是台面。

根据取点位置的不同，比率法细分为比率法 1 和比率法 2（图 98）。

比率法 1：以底尖作为中心点 B，向八边形台面的边引垂线，与台面边交于点 A，延长线段 BA 至圆周，与圆交于点 C，利用 AC：AB 比值可以确定台面大小（图 99）。

比率法 2：以底尖作为中心点 B，向八边形台面的角连线，与台面角交于点 A，延长线段 BA 至圆周，与圆交于点 C，利用 AC：AB 比值可以确定台面大小（图 100）。

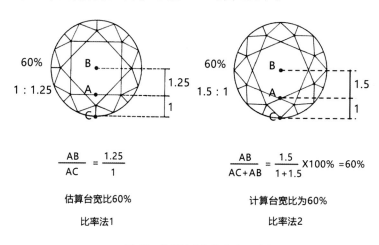

$$\frac{AB}{AC} = \frac{1.25}{1}$$

估算台宽比60%

比率法1

$$\frac{AB}{AC+AB} = \frac{1.5}{1+1.5} \times 100\% = 60\%$$

计算台宽比为60%

比率法2

图 98 比率法 1 和比率法 2 对比

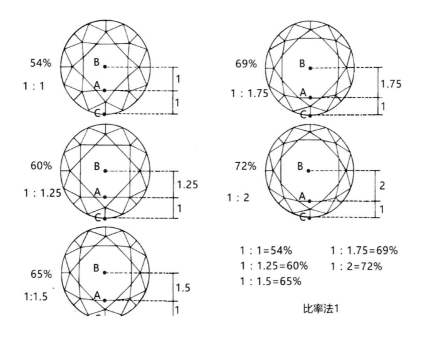

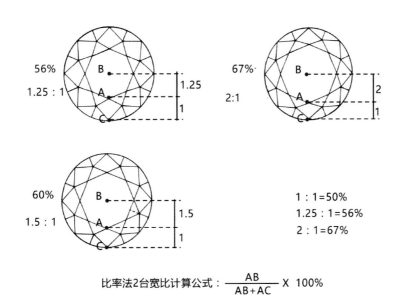

图 99　比率法 1

比率法2台宽比计算公式：$\dfrac{AB}{AB+AC} \times 100\%$

图 100　比率法 2

（2）亭深比的目估

测量方法主要有台面影像法（图 101）和亭部侧视法（图 102）。

a) 台面影像法

通过台面影像法目测钻石亭部深度，把钻石台面朝上，底尖位于台面中心，通过台面目测由亭部刻面对台面反射形成的影像与台面的比例，从而推断亭部的深度（图 103）。目测时只要注意影像在亭部主小面的半径

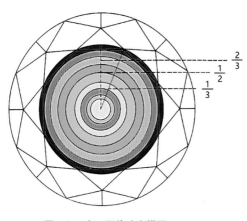

图 101 台面影像法素描图

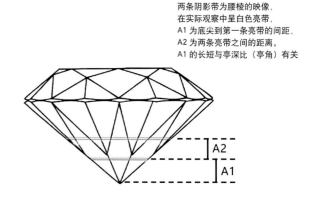

两条阴影带为腰棱的映像，
在实际观察中呈白色亮带，
A1 为底尖到第一条亮带的间距，
A2 为两条亮带之间的距离。
A1 的长短与亭深比（亭角）有关

图 102 亭部侧视法估算亭深比原理

表 14 台面影像法测量亭深比影像关系对比表

亭深比	现象
39 – 40%	整个亭部暗，鱼眼效应，可见腰部影像（图 104、图 105）
41 – 42%	阴影面积半径略小于台面半径的三分之一，大约四分之一（图 106、图 107）
43%	阴影面积半径为台面半径的三分之一（图 108）
44%	阴影面积半径介于台面半径的三分之一与二分之一之间（图 109）
45%	阴影面积半径为台面半径的二分之一（图 110）
46%	阴影面积半径介于台面半径的二分之一与三分之二之间（图 111）
47%	阴影面积半径为台面半径的三分之二（图 112）
48%	阴影面积半径稍大于台面半径的三分之二（图 113）
49%	阴影占整个台面，黑底效应（图 114）
50%	阴影扩散到三角刻面（图 115）

台面形状

台面影像

图 103 台面影像法实物原理

亭深比：≤39%

未见台面影像
可见腰部的
完整圆形影像；

也称"鱼眼效应"

灰色：表示腰围影像阴影

图 104 亭深比≤39%

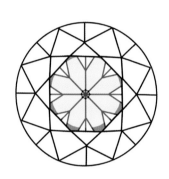

亭深比：40%

台面影像半径
小于台面实际半径三
分之一；
腰围圆形影像
可见一半以上比例

灰色：表示影像阴影

图 105 亭深比40%

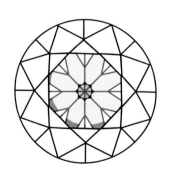

亭深比：41%

台面影像半径
小于台面实际半径三分
之一；
腰围圆形影像
仅见一半或者更低比例

灰色：表示影像阴影

图 106 亭深比41%

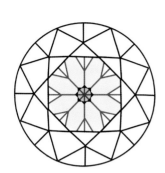

亭深比：42%

台面影像半径
小于台面实际半径
三分之一；
腰围圆形影像
不可见

灰色：表示影像阴影

图 107　亭深比 42%

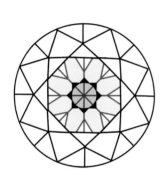

亭深比：43%

台面影像半径
等于
台面实际半径三分
之一

灰色：表示影像阴影

图 108　亭深比 43%

台面影像半径
等于
台面实际半径
三分之一

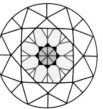

台面影像半径
等于
台面实际半径
到二分之一

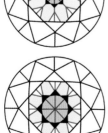

亭深比：44%

台面影像半径
介于
台面实际半径的三分
之一到二分之一之间

灰色：表示影像阴影

图 109　亭深比 44%

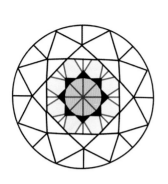

亭深比：45%

台面影像半径
等于
台面实际半径的二
分之一

灰色：表示影像阴影

图 110　亭深比 45%

台面影像半径
等于
台面实际半径
的二分之一

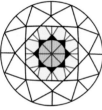

亭深比：46%

台面影像半径
介于
台面实际半径
的二分之一
到三分之二之间

台面影像半径
等于
台面实际半径
到三分之二

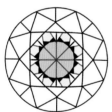

灰色：表示影像阴影

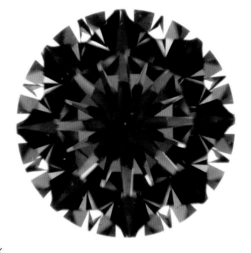

图 111　亭深比 46%

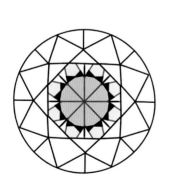

亭深比：47%

台面影像半径
等于
台面实际半径
的三分之二

灰色：表示影像阴影

图 112　亭深比 47%

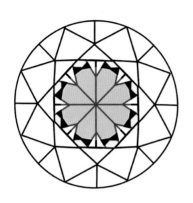

亭深比：48%

台面影像半径
略大于
台面实际半径
的三分之二

灰色：表示影像阴影

图 113　亭深比 48%

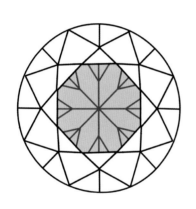

亭深比：49%

台面影像半径
等于
台面实际半径

灰色：表示影像阴影

图 114　亭深比 49%

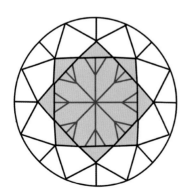

亭深比：50%

台面影像半径
大于
台面实际半径

灰色：表示影像阴影

图 115　亭深比 50%

长度与台面宽度的一半的比值（表 14）。

b) 亭深比侧视法

在十倍放大镜下，从侧面平行于腰棱平面方向观察圆钻，可以看到腰棱经亭部刻面反射后形成的两条（或一条）亮带（图 116）。克鲁帕尔博格（Kluppelberg）博士最早（1940 年）发现亮带的位置与两亮带之间的距离与亭部角或亭部深度有联系。从底尖到最近的一条亮带的间距（h_1）与该亮带到另一条亮带的间距（h_2）的比值越大，亭深也越大。并且，当亭深很浅时，如小于 40%，h_1 消失，只剩下一条亮带。亭深很大时，两条亮带很明显，而且 h_1 与 h_2 比值很大，根据这一现象，很容易区别具有很浅与很深亭部的圆钻。）（图 117）

观察时也许会发现，亮带本身的宽度或明亮度或形态因不同的钻石样品而不同。这是因为，不同的钻石会有不同状况的腰棱，有的薄，有的厚，有的抛光，有的粗糙。而亮带是腰棱的影像，所以也会有各自的特征。

（3）冠角的目估

测量方法主要有底部主小面影像法和横断面直接目测法。

a) 横断面直接目测法

横断面直接目测法是使用镊子夹住钻石的腰部（腰平面要与镊子垂直）直接目测，或用镊子夹住钻石的台面和底尖，借助细针与钻石腰平面成一直角，目测冠部角度。目测时最好先熟悉直角二等分（45°）、三等分（30°）的角度，以提高目测的精度）（图 118）。

b) 亭部主刻面影像法

亭部主刻面影像法是将钻石台面朝上放置，目测亭部主刻面在台面边缘的影像宽度（B）与其在冠部主刻面边缘的影像宽度（A）之比值，冠部角度的大小与比值有关。（图 119）

用这种方法进行目估时，首先必须知道台面的大小，然后根据台宽比，按照相应的比值进行对比（表 15）。

两条阴影带为腰棱的映像，
在实际观察中呈白色亮带，
A1 为底尖到第一条亮带的间距，
A2 为两条亮带之间的距离。
A1 的长短与亭深比（亭角）有关

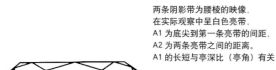

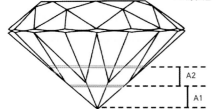

图 116　亭部侧视法估算亭深比原理

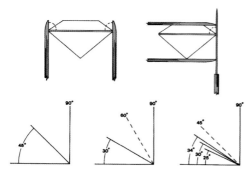

图 118　横断面直接目测法

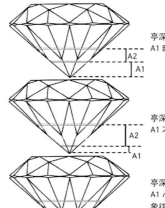

亭深比（亭角）比较大时（如 46%）
A1 明显，A1 与 A2 比值也大

亭深比（亭角）比较小时（如 41%）
A1 不明显，往往就在底尖上

亭深比（亭角）小于 40% 时（如 38%）
A1 小时，这通常预示将出现"鱼眼"现象往往就在底尖上

图 117　亭深比侧视法操作思路

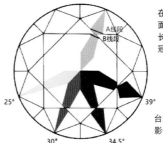

在已知台宽比情况下，亭部主刻面影像法：通过线段 A 和 B 的长度比值，可较为准确估计钻石冠角

台宽比为 60% 时，亭部主刻面影像法：测量冠角示意图

图 119　亭部主刻面影像法

表 15 亭部主刻面影像法估算冠部角度对照表

台宽比	冠部主刻面边缘的影像宽度（A）之比值与台面边缘的影像宽度（B）比值	冠角度数
54%	1.3	20°
	1.5	25°
	1.7	30°
	2.0	32°
	/	35°
56%	1.3	20°
	1.5	25°
	1.7	30°
	2.0	33°
	/	35°
60%	1.3	20°
	1.5	25°
	1.7	30°
	2.0	35°
66%	1.4	20°
	1.5	25°
	1.8	30°
	2.1	35°
	/	40°
70%	1.4	20°
	1.5	25°
	1.8	30°
	2.1	35°
	2.5	40°

（4）腰厚的目估

腰部厚度的估计是观察上腰小面与下腰小面或冠部主刻面与亭部主刻面所处部位的厚度。一般钻石腰部厚度约为钻石直径的2-4%。

同一颗钻石，在腰部的不同地方，其厚度在一定范围内是变化的。（图120、图121）

腰厚比的目估以10×放大镜为准，首先分为薄、中、厚三个等级，再进一步划分为：极薄、薄、适中、厚、极厚五个级别（图122），腰厚等级文字描述见表16。

图 120　腰厚比 2%-3.5%

图 121　腰厚比 3.5%-4.5%

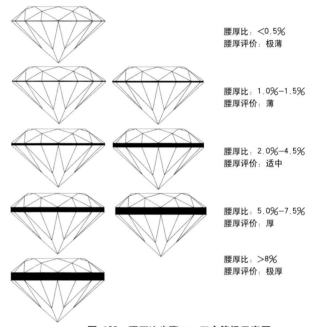

腰厚比：<0.5%
腰厚评价：极薄

腰厚比：1.0%-1.5%
腰厚评价：薄

腰厚比：2.0%-4.5%
腰厚评价：适中

腰厚比：5.0%-7.5%
腰厚评价：厚

腰厚比：>8%
腰厚评价：极厚

图 122　腰厚比步骤二：五个等级示意图

表 16　腰厚评价表

评价级别	程度描述	腰厚比例
极薄	10×放大镜下腰围呈刀刃状，边缘锋利	一般小于0.5%
薄	10×放大镜下腰围，呈线状，肉眼下勉强可见	一般为1.0%-1.5%
适中	10×放大镜下可见一个窄条状的腰围，肉眼下可见一条细线	一般为2.0-4.5%
厚	10×放大镜可很明显看到腰围宽窄变化，肉眼明显可见	一般为5.0%-7.5%
极厚	10×放大镜可很不美观，肉眼很容易见到，则腰部严重漏光，钻石基本没有亮度和火彩	超过8%

应注意的是，同样腰厚比的钻石，钻石越大，腰显得越厚；钻石小，则腰显得薄。应通过实际观察建立起概念。

腰厚不均匀时要换不同位置观察，取平均值。腰过薄易损失，过厚太笨重，不易镶嵌，并且光线损失，影响亮度与火彩。

此外根据钻石腰围抛磨情况，通常腰围有三种单一打磨状况（图123-图125），具体见表17。实际观察中，钻石腰围可能出现多种腰围打磨情况混合（图126），观察记录时以实际情况为准。

图 123 粗磨腰

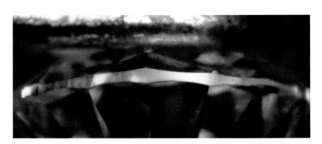

图 124 抛光腰

图 125 刻面腰

图 126 多种腰围打磨情况的钻石（粗磨腰、刻面腰）

表 17 腰围打磨情况分类表

腰围打磨状况	腰围打磨状况描述
粗磨腰	钻石在抛光打磨后保留下的粗糙的腰部，质地像磨砂玻璃的表面，类似于砂糖颗粒感觉。经常在粗磨腰上可以看到原始晶面和胡须
抛光腰	腰围被抛光形成光滑的弧面
刻面腰	整个腰围由若干个小刻面拼接起来，刻面光滑

（5）底尖大小的目估

底小面是钻石中最小的一个刻面，与台面平行，与台面形状相似，对钻石的明亮度影响较小。在现代标准圆钻型中少见，常见于老矿琢型（Old-Mine Cut）、古典欧洲琢型（Old-European Cut）等接近现代明亮式琢型中。（图127、图128）

通常大于1ct的钻石才磨底小面，1ct以下的钻石一般不磨底小面；底小面过大，正面入射的光线从底小面漏出钻石，台面下呈一小黑点；没有底小面的钻石有一个锐利的底尖，在夹持、镶嵌时非常容易受损，底尖破损后从台面下观察，底小面部位呈一小白点；底尖破损用小破、中破、大破进行描述，通常在净度分级中考虑，不算作底尖比；对于底尖大破的钻石，亭深变浅，进行亭深比估计时应注意进行修正（图129）

底尖大小的目估亦以10×放大镜为条件，分为可如下几个类型（表18）。

图 127 老矿工琢型的底尖小面

图 128 古典欧洲琢型

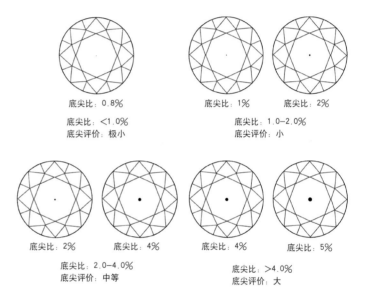

图 129 标准圆钻型不同比率底尖大小示意图

表 18 底尖大小评价表

评价级别	程度描述	底尖比例
底尖极小	10×放大镜底尖呈点状	<1.0%
底尖小	10×放大镜下几乎看不到底尖是一个面	1.0%-2.0%
底尖中等	10×放大镜下可见底尖呈小面状	2.0%-4.0%
底尖大	10×放大镜可见一个完整的刻面	>4.0%

（6）下腰面长度比的目估

将钻石的底尖向上，10× 放大镜下垂直观察，将底尖到腰围边缘的距离视为 100%，目估下腰面共棱线的长所占百分比，如图 130。

若下腰面共棱线的长为底尖到腰围边缘距离的 1/3，则对应下腰面长度比为 35%。

若下腰面共棱线的长为底尖到腰围边缘距离的 1/2，则对应下腰面长度比为 50%。

若下腰面共棱线的长为底尖到腰围边缘距离的 2/3，则对应下腰面长度比为 65%。

若下腰面共棱线的长为底尖到腰围边缘距离的 3/4，则对应下腰面长度比为 75%。

按照顺 / 逆时针方向估计全部 8 对下腰面后，求平均值，并取最接近 5% 的，下腰面长度比多为 70%-85%。

（7）星刻面长度比的目估

10× 放大镜下垂直钻石台面观察，以台面边缘线到腰围的距离视为 100%，目估星刻面所占百分比，如：

若星刻面宽为台面边缘到腰围距离的 1/3，则对应星刻面长度比为 35%。

若星刻面宽为台面边缘到腰围距离的 1/2，则对应星刻面长度比为 50%。

若星刻面宽为台面边缘到腰围距离的 2/3，则对应星刻面长度比为 65%。

若星刻面宽为台面边缘到腰围距离的 3/4，则对应星刻面长度比为 75%。

按照顺 / 逆时针方向估计全部 8 个星刻面后，求平均值，并取最接近 5% 的，星刻面长度比多为 50%-55%。除此之外，长星刻面(65%-70%)比短星刻面常见，小于 35% 的星刻面少见（图 131）。

3. 影响比率评价的其他因素

（1）超重比例

超重比例，实际克拉重量与建议克拉重量的差值相对于建议克拉重量的百分比。

根据待分钻石的平均直径，查钻石建议克拉重量表（表 19）得出待分级钻石在相同平均直径，标准圆钻型切工钻石的建议克拉重量，计算超重比率，根据超重比例，查表 20 得到比率级别。

$$超重比例 = \frac{实际克拉重量 - 建议克拉重量}{建议克拉重量} \times 100\%$$

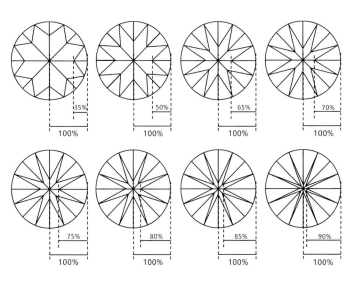

图 130　下腰面长度比目估法

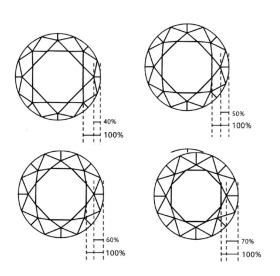

图 131　星刻面长度比的目估

表 19 标准圆钻型钻石的直径与质量对照表

平均直径	建议克拉重量	平均直径	建议克拉重量	平均直径	建议克拉重量
2.9	0.09	5.1	0.48	7.3	1.45
3.0	0.10	5.2	0.50	7.4	1.51
3.1	0.11	5.3	0.53	7.5	1.57
3.2	0.12	5.4	0.57	7.6	1.63
3.3	0.13	5.5	0.60	7.7	1.70
3.4	0.14	5.6	0.63	7.8	1.77
3.5	0.15	5.7	0.66	7.9	1.83
3.6	0.17	5.8	0.70	8.0	1.91
3.7	0.18	5.9	0.74	8.1	1.98
3.8	0.20	6.0	0.78	8.2	2.05
3.9	0.21	6.1	0.81	8.3	2.13
4.0	0.23	6.2	0.86	8.4	2.21
4.1	0.25	6.3	0.90	8.5	2.29
4.2	0.27	6.4	0.94	8.6	2.37
4.3	0.29	6.5	1.00	8.7	2.45
4.4	0.31	6.6	1.03	8.8	2.54
4.5	0.33	6.7	1.08	8.9	2.62
4.6	0.35	6.8	1.13	9.0	2.71
4.7	0.37	6.9	1.18	9.1	2.80
4.8	0.40	7.0	1.23	9.2	2.90
4.9	0.42	7.1	1.33	9.3	2.99
5.0	0.45	7.2	1.39	9.4	3.09

表 20 超重比例评价表

比率级别	极好 EX	很好 VG	好 G	一般 F
超重比例 %	< 8	8-16	17-25	> 25

（2）刷磨和剔磨

10× 放大条件下，由侧面观察腰围最厚区域，理想状态下，上腰面与下腰面联结点之间的厚度应等于风筝面与亭部主刻面之间的，实际观察中，常见上腰面与下腰面联结点之间的厚度和风筝面与亭部主刻面之间厚度相差较大，形似一头粗大一头细小的筒子骨，俗称骨状腰。骨状腰会导致单翻效应，从台面观察钻石的亭部刻面出现明暗相间的现象。骨状腰可按照相邻上腰面与下腰面联结点之间的厚度和风筝面与亭部主刻面之间厚度高低不同，分成剔磨和刷磨两种类型。

刷磨，上腰面与下腰面联结点之间的厚度，大于风筝面与亭部主刻面之间厚度的现象，如图 132、图 133。

剔磨，上腰面与下腰面联结点之间的厚度，小于风筝面与亭部主刻面之间厚度的现象，如图 134、图 135。

10× 放大条件下，由侧面观察腰围最厚区域，根据剔磨和刷磨的严重程度可分为无、中等、明显、严重四个级别，不同程度和不同组合方式的刷磨和剔磨会影响比率级别，严重的剔磨和刷磨可使比率级别降低一级，具体见表 21。

灰色部分为不明显棱线
蓝色部分为明显棱线

风筝面和亭部主刻面
连接点之间的腰厚 —— A
上腰面连接点和下腰面
连接点之间的腰厚 —— B

图 132　刷磨

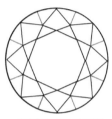

灰色部分为不明显棱线
蓝色部分为明显棱线

风筝面和亭部主刻面
连接点之间的腰厚 —— A
上腰面连接点和下腰面
连接点之间的腰厚 —— B

图 134　剔磨

图 133　刷磨钻石

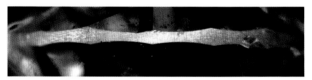

图 135　剔磨钻石

表 21　剔磨、刷磨评价表

程度评价	腰围厚度观察要点	钻石正面的外观观察要点
无	钻石上腰面与下腰面联结点之间的厚度，等于风筝面与亭部主刻面之间厚度	没有或者很难看出刷磨或剔磨现象
中等	钻石上腰面与下腰面联结点之间的厚度，对比风筝面与亭部主刻面之间厚度有较小偏差	钻石台面向上，外观没有受到明显的影响
明显	钻石上腰面与下腰面联结点之间的厚度，对比风筝面与亭部主刻面之间厚度有明显偏差	钻石台面向上外观受到影响，特别是其亮度和闪光
严重	钻石上腰面与下腰面联结点之间的厚度，对比风筝面与亭部主刻面之间厚度有显著偏差	钻石台面向上外观受到严重影响，特别是其亮度和闪光

4.钻石的比率级别

钻石比率级别分为 5 个，分别是极好（Excellent，简写为 EX）、很好（Very good，简写为 VG）、好（Good，简写为 G）、一般（Fair，简写为 F）、差（Poor，简写为 P）。

比率级别依据基本切磨比率级别、超重比率、剔磨或刷磨三项决定。比率级别由全部测量比率要素中最低级别表示。其中基本切磨比率级别由冠角（α）、亭角（β）、冠高比、亭深比、腰厚比、底尖比、全深比、α+β、星刻面长度比、下腰面长度比等项目确定各项目对应的级别。

评价流程如图 136，具体评价参数见《GB/T 16554-2010 钻石分级》附录 C 比率分级表。

5.比率对钻石切工的影响

（1）台面大小对钻石切工的影响

台面是钻石当中最大、最显著的一个刻面，台面的大小对钻石的亮度和火彩都有直接的影响，台宽比则是衡量台面大小的重要数值。正常情况下台宽应在 "很好" 的范围内。随着台面的增大，钻石亮度增加但火彩会逐渐降低；而台面减小，会使钻石的火彩增强但亮度降低（图 137）。

实际观察中可以通过观察钻石台面在亭部的影像完整程度来初步判断钻石切工比率的优劣（图 138）。

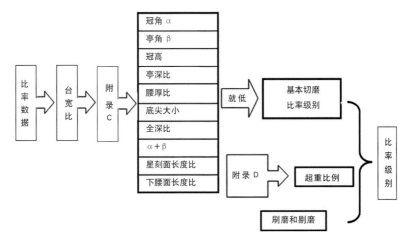

图 136　钻石比率分级流程

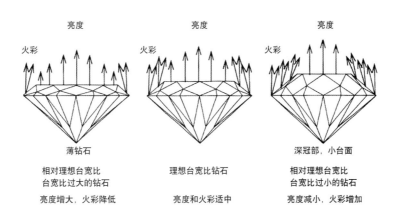

图 137　台宽比大小与钻石亮度、火彩的关系

亭部台面八边形影像　　　　　亭部台面八边形影像　　　　　亭部台面八边形影像
完整　　　　　　　　　　较为完整　　　　　　　　　　破碎
切工比率较好　　　　　　　　切工比率较好　　　　　　　切工比较一般

图 138　通过台面影响判断钻石切工比率的优劣

（2）亭部深度对钻石切工的影响

亭部深度也是直接影响钻石切工的重要因素，正常的亭深比应在 41.5% –45.0% 范围内变化。

如果亭深比低于 40% 则会产生"鱼眼"效应，所谓"鱼眼"是指从钻石台面观察可以看到在钻石的台面内有一个白色的圆环，环内则为暗视域，像鱼的眼睛一样（图 139）。这是由于亭深过浅使钻石腰围在亭部成像形成一个闭合的白色圆环，白色是粗面腰围的特点。

如果钻石的亭深过大，则会使钻石产生"黑底"现象，即从钻石冠部观察，钻石亭部是暗淡无光的，又称为"死石"（图 140）。黑底是由于亭部角度太大，使从钻石冠部入射的光线在亭部刻面时的入射角小于钻石的临界角，从而使光线不能发生全反射而从钻石的亭部漏掉，正是这种漏光才产生黑底。

亭深比：≤ 39%

未见台面影像
可见腰部的
完整圆形影像；
也称"鱼眼效应"

图 139　钻石"鱼眼"效应素描图

（3）其他比率值对钻石切工的影响

一粒钻石一旦被切割好，其各个比率值都是相互之间联系着的。例如，冠部角不变，台面宽度变大，就会使冠部高度变小；反之，台宽变小，会使冠部高度变大。同样的，如果一颗钻石冠高和亭深是确定的，其全深比越大，则说明腰越厚。正常情况下钻石的腰厚比应在 2.0% –4.5% 之间，如果腰厚过大会使钻石显得过于笨重，过厚的腰会使相同质量的钻石看起来要比薄腰的钻石小；但腰厚太薄使腰围较尖锐，很容易造成腰围的破损以至影响钻石的整体外观。

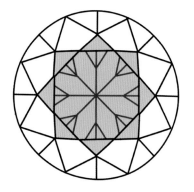

亭深比：50%

台面影像半径
大于
台面实际半径

灰色：表示影像阴影

图 140　钻石"黑底"现象素描图

五、钻石修饰度评价

修饰度是对钻石抛磨工艺的评价，即指钻石切磨工艺优劣程度，分为对称性和抛光性两个方面。

1. 对称性评价

（1）对称性评价要素

影响对称性的要素类型包括：腰围不圆、台面偏心、底尖偏心、冠角不均、亭角不均、台面和腰围不平行、腰部厚度不均匀、波状腰、冠部与亭部刻面尖点不对齐、刻面尖点不对齐、刻面缺失、刻面畸形、非八边形台面、额外刻面 14 项。

a) 腰围不圆

从不同的位置测量，钻石腰围直径不等。钻石腰围不圆是较常见的现象，一般来说，腰围的最大直径和最小直径之间相差超过平均直径的百分之二，即视为不圆（图 141）。

b) 台面偏心

台面偏心是指台面不居中，向边部偏离。台面偏心将直接导致同名刻面大小不等，同时也会影响台宽比的目估（图 142）。

c) 底尖偏心

从侧面观察钻石，底尖不在中心对称点上，从台面观察底尖偏离台面中心点（图 143）。

d) 冠角不均

结合比率评价表，钻石 8 个冠角出现一个等级以上的偏差。台面偏心的钻石中常见冠角不均（图 144）。

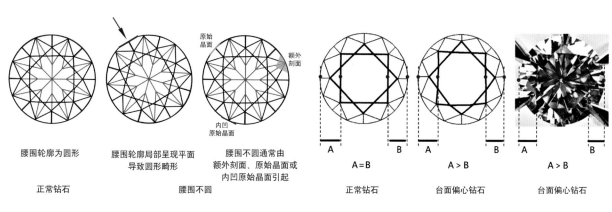

原始
晶面
额外
刻面
内凹
原始晶面
腰围轮廓为圆形
腰围轮廓局部呈现平面
导致圆形畸形
腰围不圆通常由
额外刻面、原始晶面或
内凹原始晶面引起
正常钻石
腰围不圆

图 141　腰围不圆

A
B
A
B
A
B
A=B
A > B
A > B
正常钻石
台面偏心钻石
台面偏心钻石

图 142　台面偏心

A
B
A
B
A=B
A > B
A > B
正常钻石
底尖偏心钻石
底尖偏心钻石

图 143　底尖偏心

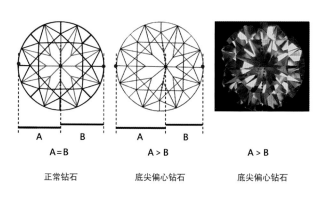

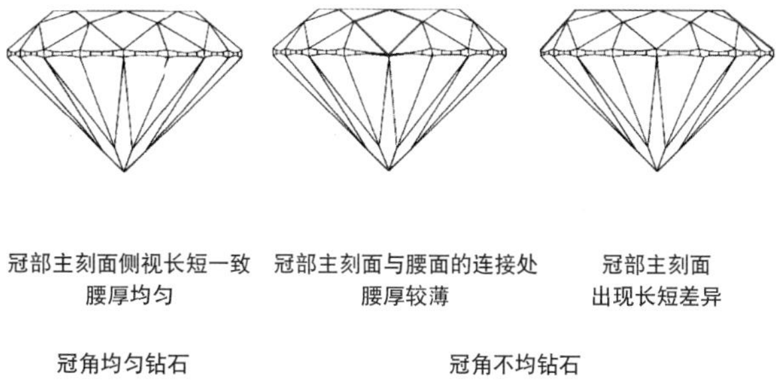

冠部主刻面侧视长短一致
腰厚均匀
冠部主刻面与腰面的连接处
腰厚较薄
冠部主刻面
出现长短差异
冠角均匀钻石
冠角不均钻石

图 144　冠角不均

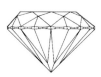

e) 亭角不均

结合比率评价表，钻石 8 个亭角出现一个等级以上的偏差。底尖偏心的钻石中常见亭角不均（图 145）。

f) 台面和腰围不平行

正常情况下，钻石的台面和腰围所在平面应是平行的。但如果切磨失误，会造成台面和腰平面不平行，这两个平面呈一定的夹角，这种偏差是较严重的修饰偏差，可影响亮度和火彩（图 146）。

g) 腰部厚度不均匀

正常情况下腰围厚度应该是比较均一的，腰的厚薄不均的现象有两种情况，一种是腰厚从极薄到极厚发生跳跃；另一种是腰围的最大厚度有规律的变化或更确切地说相邻两个腰围最大厚度相差较大，形似一头粗大一头细小骨骼状，这种腰会导致单翻效应，从台面观察钻石的亭部刻面出现明暗相间的现象（图 147）。

h) 波状腰

波状腰是指腰围所在的平面不是一个与台面平行的平面，而呈上下波浪起伏。波状腰会造成钻石的"领结效应"。"领结效应"是指由于波状腰造成亭部角度变化，在亭部相对应的两个方向上漏光，出现的黑暗区域，形似领结（图 148）。

亭部主刻面侧视长短一致
腰厚均匀

亭部主刻面与腰面的连接处
腰厚较薄

亭部主刻面
出现长短差异

亭角均匀钻石　　　　　　亭角不均钻石

图 145　亭角不均

 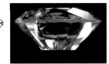

台面与腰棱所在平面平行
冠部主刻面长度一致

台面与腰棱所在平面不平行，呈倾斜状

台面和腰围平行钻石　　　　　台面和腰围不平行钻石

图 146　台面和腰围不平行

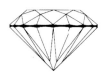 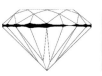

上腰面和下腰面之间
距离相等
上腰面和下腰面中点连接线
为一条平行线

上腰面和下腰面之间距离不相等，有差异
但上腰面和下腰面中点连接线为一条平行线

腰厚均匀钻石　　　　　　腰厚不均匀钻石

图 147　腰部厚度不均匀

上腰面和下腰面中点
的连接线为一条平行线

上腰面和下腰面中点
的连接线为波浪线

上腰面和下腰面中点
的连接线为波浪线

正常钻石　　　　　　　　波状腰

图 148　波状腰

i) 冠部与亭部刻面尖点不对齐

从腰部观察，冠部刻面的交汇点与相应的亭部刻面交汇点不在同一垂直方向上。这种偏差是由于在打磨上下主刻面时，旋转角度不同而使上、下相应的主刻面发生错位，进而导致其他的刻面及其交汇点发生错动（图 149）。

j) 刻面尖点不对齐

刻面的棱线没有在适当的位置上交汇成一个点。最常见的是冠部与亭部主刻面的棱线在腰围处呈开放状或提前闭合，造成这种偏差的主要原因是在打磨刻面时角度掌握不当（图 150）。

k) 刻面缺失

钻石的刻面数量与标准圆钻型情况不符合，例如理想情况为 8 个星刻面，实际只有 7 个或者更少（图 151）。

l) 刻面畸形

除台面以外的钻石刻面，出现不对称的情况，例如星刻面形状为等腰三角形，当星刻面为不等边三角形或等边三角形时，记录为刻面畸形（图 152）。

  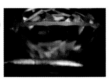

从腰部观察
冠部刻面的交汇点
与相应的亭部刻面交汇点
在同一垂直方向上

冠部与亭部刻面尖点对齐

从腰部观察
冠部刻面的交汇点
与相应的亭部刻面交汇点
不在同一垂直方向上

冠部与亭部刻面尖点不对齐

从冠部观察
上腰面与下腰面棱线不重合
冠部主刻面和亭部主刻面
靠近腰围处错位

图 149　冠部与亭部刻面尖点不对齐

刻面的棱线
在适当的位置上
交汇成一个点

正常钻石

棱线在腰围处提前闭合

棱线在腰围处提前闭合

刻面的棱线没有在适当的位置上交汇成一个点

刻面尖点不对齐

图 150　刻面尖点不对齐

 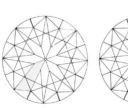

钻石的刻面数量
与标准圆钻型情况符合

正常钻石

下腰面缺失　　　　星刻面缺失

钻石的刻面数量与标准圆钻情况不符合

刻面缺失

图 151　刻面缺失

星刻面为等腰三角形

正常钻石

星刻面为无对称性三角形

刻面畸形

星刻面为无对称性三角形

刻面畸形

图 152　刻面畸形

m) 非八边形台面

正常情况下，钻石台面应该是正八边形。如果切磨不当，八边形的八条边和八个角就不一样大小（图 153）。

n) 额外刻面

规定刻面以外的所有多余的刻面都称为额外刻面。额外刻面是由于切割不当造成的，通常多出现在腰部附近的亭部或冠部。当额外刻面从钻石的台面观察看不到时，通常对其切工的影响不大，而能从冠部观察到的额外刻面不仅影响钻石的切工，甚至会影响钻石的净度级别（如 LC 级）（图 154）。

(2) 对称性评价

对称性是指对切磨形状，包括对称排列、刻面位置及刻面相互交接精确程度的评价。对称性级划分为 5 个级别，分别是极好（Excellent，简写为 EX），很好（Very good，简写为 VG），好（Good，简写为 G）、一般（Fair，简写为 F）、差（Poor，简写为 P）。具体见表 22。

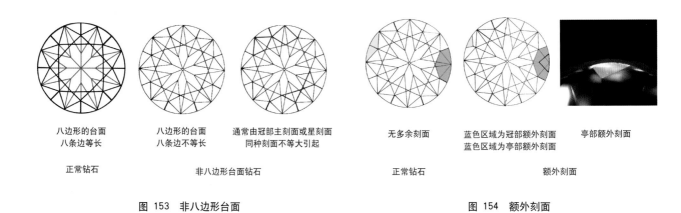

八边形的台面　　　　八边形的台面　　　　通常由冠部主刻面或星刻面
八条边等长　　　　　八条边不等长　　　　同种刻面不等大引起

正常钻石　　　　　　　　非八边形台面钻石

图 153　非八边形台面

无多余刻面　　　　蓝色区域为冠部额外刻面　　亭部额外刻面
　　　　　　　　　蓝色区域为亭部额外刻面

正常钻石　　　　　　　额外刻面

图 154　额外刻面

表 22　对称性评价

对称性级别	对称性描述
极好（Excellent，简写为 EX）	10× 放大镜下观察，无至难看到影响对称性的要素特征
很好（Very good，简写为 VG）	10× 放大镜下观察，台面向上观察，有较少的影响对称性的要素特征
好（Good，简写为 G）	10× 放大镜下观察，台面向上观察，有明显的影响对称性的要素特征，肉眼观察，钻石整体外观可能受到影响
一般（Fair，简写为 F）	10× 放大镜下观察，台面向上观察，有易见的、大的影响对称性的要素特征，肉眼观察，钻石整体外观受到影响
差（Poor，简写为 P）	10× 放大镜下观察，台面向上观察，有显著影响对称性的要素特征，肉眼观察，钻石整体外观受到明显影响

2. 抛光评价

（1）抛光评价要素

常见影响抛光级别的要素类型有抛光纹、划痕、烧痕、缺口、棱线磨损、击痕、粗糙腰围、"蜥蜴皮"效应、粘杆烧痕。其中抛光纹、划痕、烧痕、缺口、棱线磨损、击痕也属于钻石的净度分级中的外部特征，这里不重复说明。

a) 粘杆烧痕

钻石切磨过程中，钻石与粘杆接触部位因高温造成的灼烧痕迹。

b) 粗糙腰围

钻石在抛光打磨后保留下的粗糙的腰部，质地像磨砂玻璃的表面，类似于砂糖颗粒感觉。经常在粗磨腰上可以看到原始晶面和胡须（图155）。

c) "蜥蜴皮"效应

已抛光钻石表面上呈现透明的凹陷波浪纹理，其方向接近解理面方向（图156）。

（2）抛光评价

抛光是指对切磨抛光过程中产生的外部特征影响抛光表面完美程度的评价。抛光级划分为5个级别，分别是极好（Excellent，简写为EX）、很好（Very good，简写为VG）、好（Good，简写为G）、一般（Fair，简写为F）、差（Poor，简写为P），具体见表23。

图 155 粗磨腰围

图 156 "蜥蜴皮"效应

表 23 抛光性评价

对称性级别	对称性描述
极好（Excellent，简写为EX）	10× 放大镜下观察，无至难看到影响抛光的要素特征
很好（Very good，简写为VG）	10× 放大镜下观察，台面向上观察，有较少的影响对称性的要素特征
好（Good，简写为G）	10× 放大镜下观察，台面向上观察，有明显的影响对称性的要素特征，肉眼观察，钻石整体外观可能受到影响
一般（Fair，简写为F）	10× 放大镜下观察，台面向上观察，有易见的、大的影响对称性的要素特征，肉眼观察，钻石整体外观受到影响
差（Poor，简写为P）	10× 放大镜下观察，台面向上观察，有显著的影响抛光的要素特征，肉眼观察，钻石光泽受明显的影响

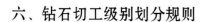

六、钻石切工级别划分规则

根据钻石比率级别和修饰度级别，钻石切工级别划分如表 24。

表 24 钻石切工级别划分

		修饰度级别				
		极好 EX	很好 VG	好 G	一般 F	差 P
比率级别	极好　EX	极好	极好	很好	好	差
	很好　VG	很好	很好	很好	好	差
	好　G	好	好	好	好	差
	一般　F	一般	一般	一般	一般	差
	差　P	差	差	差	差	差

第五节　钻石克拉重量

一、钻石克拉重量概述

钻石的重量，既可用精密的电子或机械天平直接称量（对未镶嵌钻石而言），也可用各种量规（如 Leveridge Gauge、Moe Gauge 和 Screw Micrometer）（图 157、图 158）、钻石筛（Diamond Sieve）（图 159）以及尺寸——重量计算法（主要用于已镶嵌钻石的重量估算）等获得。

国际上统一使用克拉（Carat）作为钻石的重量单位，用"ct"表示。克拉一词起源于地中海沿岸所产的一种洋槐树的名称。这种树的种子干了以后，其重量非常稳定，为 1/5g（0.2g），因而被商人用来作为恒量宝石的重量。小于 0.2ct 钻石称为小钻（melee），通常成包销售而不是单颗销售。

1ct = 0.2g

1ct 常划分为 100 分（point 简称 pt）

1ct = 100pt

图 157　钻石量规

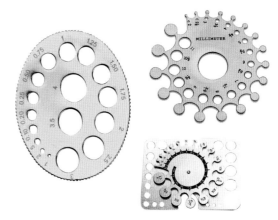

图 158　钻石量规

二、钻石重量表示方法

钻石分级国家标准（GB/T 16554—2010）中规定：钻石的质量单位为克（g）。准确度为 0.0001。钻石贸易中仍可用"克拉（ct）"作为质量单位。1.0000g=5.00ct。

钻石的质量表示方法为：在质量数值后的括号内注明相应的克拉值。例 0.2000g（1.00ct）。

用准确度是 0.0001g 的天平称量。质量数值保留至小数点后第 4 位。换算为克拉值时，保留至小数点后第 2 位。克拉值小数点后第 3 位逢 9 进 1，其他忽略不计。

钻石的质量根据其流通领域分为钻坯和抛光钻石两种，具体分类见表 25。

图 159　钻石筛

表 25 钻石质量分类表

	钻坯质量分级（商业级）	抛光钻石的质量分级
超大钻	≥ 10.80ct。通常 ≥ 50ct 的钻石都会被单独命名，也称为记名钻，如质量为 158.786ct 的"常林钻石"。	无
大钻	2.0—10.79ct	≥ 1ct
中钻	0.75—1.99ct	0.25—0.99ct
小钻	0.74，每克拉 6 粒	0.05—0.24ct
混合小钻	≤ 0.73，每克拉 7—40 粒	
碎钻	无	≤ 0.04ct

三、钻石重量获取

1. 直接称量

用分度值不大于 0.0001g 的天平称量，质量数值保留至小数点后第 4 位。若采用克拉称量，则保留小数点后两位，第三位逢九进一。

2. 公式计算

由于钻石切磨比例一般比彩色宝石标准，故可通过测量琢型钻石的尺寸大小，并利用一些经验公式来计算其近似的重量，特别适用于已镶嵌钻石的估重（图 160）。不同琢型的钻石有不同的计算公式，其中以圆多面型钻石的计算公式估算重量误差最小，这是因为多数圆多面型钻石都按照标准比例切磨的。具体计算公式见表 26。

如果花式切工钻石的腰部厚度是稍厚或更厚，以上所有公式都要进行腰部厚度重量校正。不同直径和不同腰部厚度的钻石，其校正系数也不同，参考美国宝石学会的校正表，大约加上总重量的 1 - 12%（表 27）。

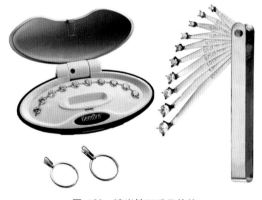

图 160 镶嵌钻石重量估算

3. 腰围直径对照

对于标准圆钻型镶嵌钻石，如果钻石高度无法测量，只根据其腰围平均直径亦可以估算出其近似质量。具体可参考注明参照超重比率中建议克拉重量表。

表 26 标准比例琢型钻石钻石重量计算公式

琢型	计算公式（其中重量的单位是克拉；直径、长、宽和高的单位是毫米）
圆多面型钻石	重量 = 平均直径 ^{2}× 高度 ×K（K 取值范围 0.0061— 0.0065）
椭圆型钻石	重量 = 平均直径 ^{2}× 高度 ×0.0062（平均直径 = 长径和短径的平均值）
心型钻石	重量 = 长 × 宽 × 高 ×0.0059
祖母绿型钻石	重量 = 长 × 宽 × 高 ×0.0080 （长 : 宽 = 1.00:1.00）
	重量 = 长 × 宽 × 高 ×0.0092 （长 : 宽 = 1.50:1.00）
	重量 = 长 × 宽 × 高 ×0.0100 （长 : 宽 = 2.00:1.00）
	重量 = 长 × 宽 × 高 ×0.0106 （长 : 宽 = 2.50:1.00）
橄榄型钻石	重量 = 长 × 宽 × 高 ×0.00565（长 : 宽 = 1.50:1.00）
	重量 = 长 × 宽 × 高 ×0.00580（长 : 宽 = 2.00:1.00）
	重量 = 长 × 宽 × 高 ×0.00585（长 : 宽 = 2.50:1.00）
	重量 = 长 × 宽 × 高 ×0.00595（长 : 宽 = 3.00:1.00）
梨型钻石	重量 = 长 × 宽 × 高 ×0.00615（长 : 宽 = 1.25:1.00）
	重量 = 长 × 宽 × 高 ×0.00600（长 : 宽 = 1.50:1.00）
	重量 = 长 × 宽 × 高 ×0.00590（长 : 宽 = 1.66:1.00）
	重量 = 长 × 宽 × 高 ×0.00575（长 : 宽 = 2.00:1.00）

表 27 花式钻估算重量的腰棱厚度修正系数表

宽度（mm）	稍厚	厚	很厚	极厚
3.80 – 4.15	3%	4%	9%	12%
4.15 – 4.65	2%	4%	8%	11%
4.70 – 5.10	2%	3%	7%	10%
5.20 – 5.75	2%	3%	6%	9%
5.80 – 6.50	2%	3%	6%	8%
6.55 – 6.90	2%	2%	5%	7%
6.95 – 7.56	1%	2%	5%	7%
7.70 – 8.10	1%	2%	5%	6%
8.15 – 8.20	1%	2%	4%	6%

附录

附录 A 钻石资源、市场与评价

一、钻石资源

1. 钻石形成

钻石通常在地球圈层中的地幔层形成（图 1），其生长与源岩类型有关，橄榄岩型钻石约在 33 亿年前形成；榴辉岩型钻石则在 15.8 亿年或 9.9 亿年前形成。而钻石形成后，通过火山围岩金伯利岩（图 2）和钾镁煌斑岩的喷发或侵入而携带到地壳。而对金伯利岩和钾镁煌斑岩的年龄分析结果表明，其形成于约 1 亿年前，明显晚于橄榄岩和榴辉岩，因此金伯利岩和钾镁煌斑岩不是钻石形成的源岩，而只是将钻石从地幔携带到地表的一种载体——母岩。

2. 钻石产出

钻石的产出一般分为原生矿床与次生矿床两种类型。原生矿床主要分为金伯利岩型产出和钾镁煌斑岩型产出两种类型，次生矿床一般指的是沉积砂矿。

（1）原生矿床

金伯利岩浆或钾镁煌斑岩浆在地球更深处形成后，逐渐富集膨胀直至其内压力足以突破来自上覆岩层的阻力，沿上升通道迅速上升出露至地表。在岩浆膨胀并上升的过程中，捕获了早期形成的钻石并将其携带出露至地表，在地表富集形成金伯利岩型或钾镁煌斑岩型原生钻石矿床（图 2）。

（2）次生矿床

次生矿床是原生矿床经过次生风化、冲洗、搬运形成的沉积砂矿，也是钻石的重要来源之一，虽然其分布不及钻石原生矿床广泛，但其品质较原生矿要好，出产宝石级钻石比率也高（图 3、图 4）。

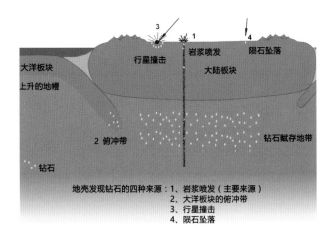

图 1 钻石的形成

图 2 金伯利岩

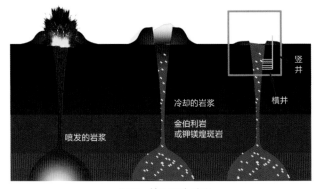

图 3 钻石原生矿床

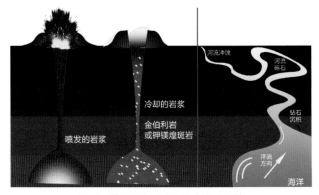

图 4 钻石原生矿床和次生矿床比较

3. 钻石资源分布

目前世界上共有 27 个国家发现钻石矿床，其中大部分位于非洲、俄罗斯、澳大利亚和加拿大（图 5）。

二、钻石市场

1. 钻石加工

钻石加工被认为始于印度。15 世纪，威尼斯因其优越的地理位置，取代印度垄断了钻石贸易。15 世纪末，发现了经好望角到葡萄牙的直线海路，将安特卫普推向了当时世界贸易的中心舞台并很快垄断了世界毛坯钻石的商贸与加工，成为当时世界重要的钻石加工中心，并将这一优势一直保持到 16 世纪。在 16 世纪，受比利时国内政治斗争及宗教迫害等因素的影响，大量的钻石加工业者不得不选择逃离安特卫普。荷兰阿姆斯特丹以其自由的宗教信仰环境，吸引了大量来自安特卫普的钻石手工业者，逐渐取代安特卫普成为新的世界钻石加工中心，直到南非钻石矿床的发现以及两次世界大战期间，

受战争影响，阿姆斯特丹不得不提高税率和人工费用。相比之下，安特卫普为钻石加工业者提供了更为宽松的经济环境，引着大量阿姆斯特丹钻石加工业者向安特卫普的回流。在此期间，南非钻石原生矿床的发现及毛坯钻石的大量开采，又为安特卫普提供了大量稳定的钻石加工原料来源，安特卫普最终从阿姆斯特丹手中夺回了曾失去的切磨钻石中心的地位。

此后，以色列特拉维夫、美国纽约以及印度孟买等凭借其各自所具有的技术、市场或劳力优势，相继成为世界重要钻石加工中心，与比利时安特卫普并居四大传统钻石加工中心之位。

除了上述四大传统钻石切磨钻石中心外，在澳大利亚、巴西、法国、英国、荷兰、南非、俄罗斯及其他一些非洲国家等钻石出产国也都存在着规模不等的钻石加工业，并积极制定措施扶持本国的钻石加工贸易业。此外，依托劳动力资源及技术上的优势，近年来东南亚的一些国家，如泰国、中国等国的钻石加工业也有了迅猛的发展。

钻石主要产区
博茨瓦纳、俄罗斯、南非、安哥拉、纳米比亚、澳大利亚、刚果（金）、加拿大

钻石次要产区
巴西、圭亚那、委内瑞纳、几内亚、塞拉利昂、利比亚、科特迪瓦、加纳中非共和国、坦桑尼亚、中国、印尼津巴布韦、印度

图 5　钻石资源分布图

2. 钻石贸易

（1）毛坯钻石贸易

开采出的毛坯钻石，除少部分经外部市场被直接销售给毛坯钻石批发商外，另外的80% -85%的毛坯钻石均由钻石推广中心（DTC）推向市场（近年由钻石推广中心控制的比例有所下降）。

戴比尔斯控制了世界上80% -85%的毛坯钻石的销售。从世界各主要出产国购入的毛坯钻石被运往伦敦，在那里，DTC将由专业分级人员根据钻石的形状、颜色、大小及品级区分出16000多个类别，同时对其价值进行评定。这项工作有时也在卢赛恩及金伯利进行。经分选后，宝石级钻石交由DTC销售给戴比尔斯的看货商（Sightholders，包括钻石加工商和批发商），工业级钻石则由戴比尔斯工业钻石公司（Debid）销售给工业钻客户。

目前，DTC的看货商主要来自比利时安特卫普、以色列特拉维夫、印度孟买、美国纽约及南非约翰内斯堡等世界主要钻石切磨钻石加工中心。DTC每年在伦敦、瑞士卢塞恩、南非约翰内斯堡和金伯利共举办10次看货会。经DTC分选估价后的钻石，将根据经纪人反馈的看货商的价值要求，综合考虑消费者市场、外汇波动等多方因素，将产自世界各地的钻石依大小、品质及数量混合后分装入盒，在看货会上交与看货商，通常形象称之为看货盒子。每盒内的毛坯钻石价值50万 -200万美元不等，在看货会上看货商对由DTC专业评估部门定出的价格一般不再具有商讨的余地。

受政治、经济等多种因素影响，还有20%左右产自几内亚、南美、俄罗斯、加拿大、澳大利亚等国的毛坯钻石的交易不受戴比尔斯的控制，而是经由独立于戴比尔斯的"外部市场"，进入全球各钻石交易中心进行交易。譬如，鉴于其所持的政治立场，几内亚拒绝与南非发生关联，其所产的毛坯钻石都进入外部市场销售。

整个钻石交易流程如图6所示。

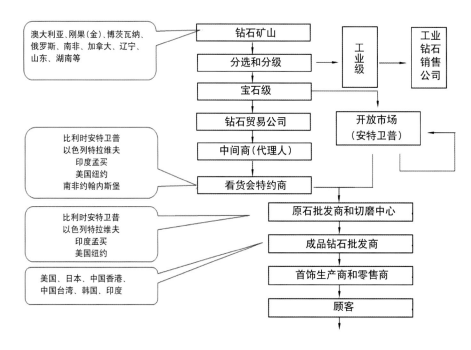

图 6　钻石贸易流程图

（2）成品钻石贸易

世界成品钻石的交易主要集中于比利时的安特卫普、美国的纽约、以色列的特拉维夫、印度孟买和中国香港五个交易中心。安特卫普钻石交易所中成品（抛光）钻石的交易量最大，约占全球交易总量的50%以上。

3. 戴比尔斯与钻石

1888年3月12日，由金伯利中央矿业公司和戴比尔斯矿业公司合并而成的戴比尔斯联合矿业有限公司（De Beers Consolidated Mines Limited）正式成立，一举成为了当时世界上最大的钻石矿业公司，一度控制了当时世界钻石年产量的95%。戴比尔斯（De Beers）在钻石贸易中的角色和作用举足轻重。

1934年下半年，戴比尔斯又成立了钻石贸易公司（Diamond Trading Company），负责毛坯钻石的分选、估价及销售工作。此外，戴比尔斯还成立了钻石生产者协会（Diamond Producers Association），负责根据市场情况控制南非境内钻石矿的开采及生产情况。后来合并成为中央销售组织（Central Selling Organization即CSO），总部设于英国伦敦。CSO主要负责以定价定额向戴比尔斯下属各钻石矿及签约钻石矿购入毛坯钻石，对其进行评估、分选及价值确定；根据市场情况控制毛坯钻石的供应品种及供应量；研究发展有关钻石的勘探、开采回收及加工等工艺技术；以及在全球范围内进行钻石销售推广公关活动，以引导刺激世界钻石消费需求。

进入21世纪，世界钻石市场出现了新的变化，俄罗斯、加拿大、澳大利亚等国家逐渐开始通过独立于戴比尔斯之外的交易渠道经营本国出产的毛坯钻石及成品钻石，整个钻石业面临着市场是否平衡、价格是否稳定及消费者信任危机等多重挑战。2000年6月，正式以钻石推广中心（DTC）取代了原中央销售组织（CSO）。除延续CSO的原有职能外，DTC更强调关注顾客的需求，改变其传统扮演的"保管人"角色，变"最后供应商"为"最佳供应商"，同时尝试在业内推行"最佳执业守则"。

三、钻石评价

1. 钻石价值构成

钻石是珍贵的天然宝石，从探查、开采到加工销售，都花费了大量的人力和物力。因此找矿勘查的费用，自然要体现在钻石的价格上。

钻矿的开采也是投资巨大、耗费可观的工程。钻矿的贫富不一，根据统计，开采出1 ct钻石平均要开采约23吨的岩土。再从大量的岩土中挑选出钻石，其难度与耗费是可以想象的。

所有的上述成本，将体现在钻石原石的价格上。但是，钻石原石的市场是高度垄断的。De Beers矿业联合有限公司，代表钻矿的生产者出售全球总产量75%的钻石（宝石级和工业级的钻石），所制定的价格及政策，自然也成为独立钻矿的榜样。此外，购买钻石原石的买主，是钻石切磨厂商。钻石原石价格的好坏，取决于钻石的品质和可切磨性。因而，对原石的评估，必须具有充分的原石切磨的知识与经验。作为面向社会大众服务的各种机构，或者零售业，主要接触的是成品钻石，所以原石的评估问题并不经常遇到。

钻石原石经切磨加工，批发商或者饰品制造厂商、零售商，最后到消费者，还需要很多的耗费。一般估计，切磨钻石加工的费用要占到批发价的20%左右，批发商和零售商还要花费许多的销售成本，例如商店的房租、门面的装潢、日常的维护费用、员工的工资、保安及保险费用、税金、银行贷款利息、合理的投资与经营盈利等等，都将成为钻石最终销售价格的组成。并且，在上述钻石生产和流通各个阶段，有不同的价格。一般地说，可分成出厂价、批发价格和零售价格3种类型。这3种价格也是钻石估价的基本依据。

2. 钻石评价方法

钻石评价基本采用成本法、市场比较法和收入法这三种方法。

（1）成本法

又称重置成本法，是指评估资产时，按在现时条件下重新购买一项全新状态的被评估资产所需要的全部成本减扣其各项损耗价值来确定被评估资产价值的方法。成本法的依据是评估者有较确切的资料来源，可能了解或掌握评估商品的成本组成。

（2）市场比较法

又称市场法，是通过市场调查，选择与被评估资产相同或相似的资产作为对比参照物，分析参照物的成交价和交易条件，并就影响价格的有关因素进行对比调整，从而确定被评估资产的价值。市场法的依据是评估者可能了解或掌握评估商品的市场交易价格。

（3）收入法

又称为收益法或收益现值法，是通过估算被评估资产未来预期收益并折算成现值，来确定被评估资产价值的一种资产评估方法。收入法是预测原则的一种直接表述，是通过预测今后的收益来确定价值。

3. 国际钻石报价表

在国际上最为著名的成品钻石报价莫过于美国的RAPAPORT（图7）。RAPAPORT的成品钻石报价表（RAPAPORT DIAMOND REPORT，按照成品（抛光）钻石的常见琢形分"圆钻（ROUNDS）"、"梨形钻（PEARS）"、"马眼钻（MARQUISE）"和"祖母绿形钻（EMERALDS）"四份表单，在每份表单中，按照不同的重量范围分别制表对成品（抛光）钻石进行报价，每个表格的第一行是钻石的琢形和重量范围以及报价发布日期；第二行是横坐标，对应各列是净度分级（IF、VVS$_1$、VVS$_2$、VS$_1$、VS$_2$、SI$_1$、SI$_2$、SI$_3$、I$_1$、I$_2$和I$_3$）；左侧第一列为纵坐标，对应各行是颜色分级（D、E、F、G、H、I、J、K、L、M）。成品（抛光）钻石的报价以"百美元每克拉（×US\$100／ct）"为单位列在各单元格中。RAPAPORT DIAMOND REPORT列出的是现金批发交易高开价，实际的成交价格则受交易的钻石质量（如切工）、成交地点、买卖双方处于整个成品（抛光）钻石交易链的位置、带有何种分级报告以及交易货品的变现能力等因素的制约而在报价的基础上有不同的折扣，RAPAPORT DIAMOND REPORT现在已经成为国际珠宝界公认的权威的钻石报价参考资料。

RAPAPORT DIAMOND REPORT

Tel: 877-987-3400 ◆ www.RAPAPORT.com ◆ info@RAPAPORT.com [R]

June 30, 2017 : Volume 40 No. 24: APPROXIMATE HIGH CASH ASKING PRICE INDICATIONS : Page 2
Round Brilliant Cut Natural Diamonds, GIA Grading Standards per "Rapaport Specification A3" in hundreds of US$ per carat.

We grade SI3 as a split SI2/I1 clarity. Price changes are in **Bold**, higher prices underlined, lower prices in italics.
Rapaport welcomes price information and comments. Please email us at prices@Diamonds.Net.

0.95-0.99 may trade at 5% to 10% premiums over 0.90   1.25 to 1.49 Ct. may trade at 5% to 10% premiums over 4/4 prices.

RAPAPORT : (.90 - .99 CT.) : 06/30/17 — ROUNDS — RAPAPORT : (1.00 - 1.49 CT.) : 06/30/17

	IF	VVS1	VVS2	VS1	VS2	SI1	SI2	SI3	I1	I2	I3		IF	VVS1	VVS2	VS1	VS2	SI1	SI2	SI3	I1	I2	I3	
D	*140*	114	98	85	75	66	57	47	38	22	15	D	207	165	144	121	107	82	69	58	47	27	17	D
E	114	99	90	77	71	62	55	44	37	21	14	E	157	143	117	107	95	79	66	56	45	26	16	E
F	99	90	80	72	67	59	51	42	36	20	14	F	133	120	107	98	86	76	63	54	44	25	15	F
G	88	80	72	67	62	55	48	40	34	19	13	G	110	105	95	86	79	71	59	52	42	24	14	G
H	78	70	66	62	58	52	45	37	32	18	13	H	89	87	81	76	72	65	56	49	40	23	14	H
I	66	60	57	54	51	48	42	33	30	17	12	I	76	74	69	67	64	60	52	46	36	22	13	I
J	52	49	47	45	43	41	37	30	26	16	11	J	62	60	59	57	55	51	47	41	32	20	13	J
K	43	41	39	37	35	33	31	26	23	15	10	K	51	49	47	45	43	41	38	35	30	18	12	K
L	38	37	35	34	32	30	27	23	20	14	9	L	46	44	43	41	39	36	34	32	28	17	11	L
M	35	33	32	30	29	27	24	21	17	12	8	M	41	39	38	36	34	32	29	27	25	16	11	M

W: 82.96 = -0.24%   ✧ ✧ ✧   T: 44.97 = -0.10%   W: 111.48 = 0.00%   ✧ ✧ ✧   T: 57.67 = 0.00%

1.70 to 1.99 may trade at 7% to 12% premiums over 6/4.   2.50+ may trade at 5% to 10% premium over 2 ct.

RAPAPORT : (1.50 - 1.99 CT.) : 06/30/17 — ROUNDS — RAPAPORT : (2.00 - 2.99 CT.) : 06/30/17

	IF	VVS1	VVS2	VS1	VS2	SI1	SI2	SI3	I1	I2	I3		IF	VVS1	VVS2	VS1	VS2	SI1	SI2	SI3	I1	I2	I3	
D	*271*	213	182	163	145	108	88	70	54	31	18	D	440	345	300	260	195	155	120	81	64	33	19	D
E	208	186	159	149	131	105	85	68	51	30	17	E	320	290	255	225	180	145	110	78	62	32	18	E
F	182	159	138	131	118	100	80	65	50	29	16	F	280	250	225	190	165	135	105	75	60	31	17	F
G	145	136	122	114	108	95	75	64	49	28	16	G	225	200	180	160	145	125	100	70	58	30	16	G
H	116	112	103	98	94	87	71	60	47	27	16	H	170	165	155	140	125	110	95	65	55	29	16	H
I	94	90	85	82	79	75	64	55	43	25	15	I	130	125	120	112	105	95	85	60	51	27	16	I
J	79	74	72	70	66	62	56	48	38	23	15	J	105	100	95	90	85	80	70	55	47	24	15	J
K	64	62	60	57	53	50	47	42	35	20	14	K	95	88	80	75	70	65	60	50	42	23	15	K
L	57	55	53	49	46	44	41	38	32	19	13	L	80	75	70	65	60	55	50	45	37	22	14	L
M	47	45	43	42	40	38	36	33	28	18	13	M	69	66	63	60	55	50	46	39	30	21	14	M

W: 147.32 = -0.51%   ✧ ✧ ✧   T: 72.97 = -0.24%   W: 223.40 = 0.00%   ✧ ✧ ✧   T: 101.23 = 0.00%

3.50+,4.5+ may trade at 5% to 10% premium over straight sizes

RAPAPORT : (3.00 - 3.99 CT.) : 06/30/17 — ROUNDS — RAPAPORT : (4.00 - 4.99 CT.) : 06/30/17

	IF	VVS1	VVS2	VS1	VS2	SI1	SI2	SI3	I1	I2	I3		IF	VVS1	VVS2	VS1	VS2	SI1	SI2	SI3	I1	I2	I3	
D	810	590	500	430	330	225	157	95	77	39	21	D	980	700	630	530	410	275	190	105	85	44	23	D
E	545	500	420	370	295	205	152	90	72	37	20	E	690	625	545	480	390	260	185	100	80	42	22	E
F	470	425	370	310	270	185	147	85	67	36	19	F	615	535	475	425	355	245	180	95	75	40	21	F
G	365	325	295	265	225	170	132	80	65	34	18	G	465	415	380	370	300	210	165	90	70	38	20	G
H	270	250	235	220	185	145	120	75	63	32	17	H	350	330	300	295	250	185	155	85	65	36	19	H
I	205	195	185	175	150	125	105	70	59	30	17	I	260	245	230	220	190	160	135	80	60	34	18	I
J	160	150	145	135	125	110	95	65	53	28	16	J	210	200	185	175	160	140	120	70	55	32	17	J
K	135	125	120	110	100	90	80	60	47	27	16	K	175	165	155	145	135	115	100	65	50	30	17	K
L	105	100	95	90	85	75	65	50	41	26	15	L	130	120	110	105	95	85	75	60	45	28	16	L
M	90	87	85	80	75	65	55	45	33	25	15	M	110	100	95	90	85	75	65	50	35	27	16	M

W: 370.80 = 0.00%   ✧ ✧ ✧   T: 151.45 = 0.00%   W: 473.60 = 0.00%   ✧ ✧ ✧   T: 189.18 = 0.00%

Prices for select excellent cut large 3-10ct+ sizes may trade at significant premiums to the Price List in speculative markets.

RAPAPORT : (5.00 - 5.99 CT.) : 06/30/17 — ROUNDS — RAPAPORT : (10.00 - 10.99 CT.) : 06/30/17

	IF	VVS1	VVS2	VS1	VS2	SI1	SI2	SI3	I1	I2	I3		IF	VVS1	VVS2	VS1	VS2	SI1	SI2	SI3	I1	I2	I3	
D	1300	985	860	750	575	365	245	115	90	47	25	D	2020	1450	1290	1120	890	565	370	175	105	54	29	D
E	930	820	750	670	520	340	235	110	85	45	24	E	1450	1270	1160	1020	810	520	355	165	100	52	27	E
F	800	735	660	600	450	315	225	105	80	43	23	F	1240	1140	1020	900	700	480	335	155	95	50	26	F
G	600	550	500	460	395	275	215	100	75	41	22	G	930	880	800	700	610	420	320	145	90	48	25	G
H	470	430	400	365	310	235	185	90	70	39	21	H	750	690	630	580	480	360	280	130	85	46	24	H
I	350	325	310	290	260	200	160	85	65	37	20	I	540	510	490	460	410	315	250	120	80	44	23	I
J	260	250	235	225	215	175	140	75	60	35	19	J	410	390	370	355	340	270	220	110	75	42	22	J
K	205	190	180	170	165	140	115	70	55	32	18	K	310	300	280	270	255	210	175	100	70	40	21	K
L	150	140	135	130	120	110	85	65	50	30	17	L	225	220	210	200	185	160	125	90	60	38	20	L
M	125	120	115	110	105	95	75	60	45	29	17	M	190	185	180	170	160	140	110	80	60	36	19	M

W: 635.40 = 0.00%   ✧ ✧ ✧   T: 243.90 = 0.00%   W: 981.20 = 0.00%   ✧ ✧ ✧   T: 371.74 = 0.00%

图 7-1　RAPAPORT DIAMOND REPORT 钻石报价表

RAPAPORT DIAMOND REPORT

Tel: 877-987-3400 ◆ www.RAPAPORT.com ◆ Info@RAPAPORT.com ®

June 30, 2017 : Volume 40 No. 24: APPROXIMATE HIGH CASH ASKING PRICE INDICATIONS : Page 1
Round Brilliant Cut Natural Diamonds, GIA Grading Standards per "Rapaport Specification A3" in hundreds of US$ per carat.

News: Diamond markets quiet, with select demand for better quality SIs. Hong Kong show signals improving sentiment among jewelers, but dealers cautious. Rough market stable, with limited De Beers supply supporting prices that are reducing cutters' profit margins. Manufacturers expected to reduce polished output in 3Q as inventory levels rise. Petra diamonds cuts production and sales outlook by 9% amid expansion program delays. Firestone raises 2017 Liqhobong production plan +20% to 360,000 cts. Luk Fook FY'17 revenue -9% to $1.6B, profit +7% to $132M. Birks Group FY'17 revenue +0.4% to $287M, profit -9% to $4.9M. Global Witness warns of online schemes to smuggle diamonds from CAR.

RAPAPORT : (.01 - .03 CT.) : 06/30/17 — ROUNDS

	IF-VVS	VS	SI1	SI2	SI3	I1	I2	I3	
D-F	7.7	7.1	5.8	4.9	3.9	3.7	3.2	2.7	D-F
G-H	6.8	6.3	5.1	4.5	3.7	3.4	3.1	2.5	G-H
I-J	5.8	5.4	4.7	4.2	3.4	3.2	2.9	2.3	I-J
K-L	4.1	3.7	3.5	3.0	2.7	2.3	1.8	1.4	K-L
M-N	3.0	2.5	2.1	1.8	1.6	1.4	1.2	0.9	M-N

RAPAPORT : (.04 - .07 CT.) : 06/30/17

	IF-VVS	VS	SI1	SI2	SI3	I1	I2	I3	
D-F	8.4	7.9	6.4	5.4	4.3	4.1	3.7	2.9	D-F
G-H	7.5	6.8	5.7	4.9	4.1	3.9	3.4	2.7	G-H
I-J	6.3	5.9	5.3	4.6	4.0	3.8	3.1	2.5	I-J
K-L	4.4	4.0	3.7	3.2	3.0	2.5	2.0	1.5	K-L
M-N	3.2	2.7	2.2	2.0	1.7	1.5	1.3	1.0	M-N

RAPAPORT : (.08 - .14 CT.) : 06/30/17 — ROUNDS

	IF-VVS	VS	SI1	SI2	SI3	I1	I2	I3	
D-F	9.3	8.8	7.6	6.3	5.9	5.1	4.1	3.5	D-F
G-H	8.4	7.9	6.8	5.8	5.5	4.5	3.8	3.2	G-H
I-J	7.2	6.8	6.1	5.4	5.1	4.3	3.5	3.0	I-J
K-L	5.8	5.5	4.7	4.1	3.4	3.0	2.6	2.0	K-L
M-N	4.0	3.7	3.2	2.8	2.6	2.0	1.7	1.3	M-N

RAPAPORT : (.15 - .17 CT.) : 06/30/17

	IF-VVS	VS	SI1	SI2	SI3	I1	I2	I3	
D-F	11.7	11.0	8.6	7.5	6.8	5.6	4.4	3.8	D-F
G-H	10.2	9.5	7.6	6.7	5.9	4.9	3.9	3.4	G-H
I-J	8.8	8.3	6.7	6.0	5.3	4.6	3.8	3.2	I-J
K-L	7.1	6.7	5.1	4.7	3.9	3.3	2.7	2.3	K-L
M-N	4.6	4.0	3.6	3.2	2.8	2.3	1.8	1.5	M-N

RAPAPORT : (.18 - .22 CT.) : 06/30/17 — ROUNDS

	IF-VVS	VS	SI1	SI2	SI3	I1	I2	I3	
D-F	14.3	12.4	9.1	7.9	6.6	5.5	4.4	3.7	D-F
G-H	12.8	11.0	8.1	7.3	5.9	5.0	4.0	3.4	G-H
I-J	10.0	9.1	7.2	6.3	5.1	4.5	3.6	3.1	I-J
K-L	7.9	6.7	5.6	4.8	4.1	3.6	2.8	2.3	K-L
M-N	6.7	5.5	4.8	3.8	3.4	2.5	1.9	1.6	M-N

RAPAPORT : (.23 - .29 CT.) : 06/30/17

	IF-VVS	VS	SI1	SI2	SI3	I1	I2	I3	
D-F	17.0	15.0	10.3	9.3	7.5	6.3	5.0	4.0	D-F
G-H	15.0	13.0	9.3	8.3	6.8	5.6	4.3	3.7	G-H
I-J	12.0	10.5	7.8	6.8	5.8	4.6	3.8	3.3	I-J
K-L	9.5	8.5	6.5	5.8	5.2	3.9	3.0	2.4	K-L
M-N	8.1	7.2	5.6	4.8	4.3	3.0	2.2	1.8	M-N

Very Fine Ideal and Excellent Cuts in 0.30 and larger sizes may trade at 10% to 20% premiums over normal cuts.

RAPAPORT : (.30 - .39 CT.) : 06/30/17 — ROUNDS

	IF	VVS1	VVS2	VS1	VS2	SI1	SI2	SI3	I1	I2	I3	
D	40	31	29	27	26	23	20	17	15	11	7	D
E	30	28	26	25	24	22	19	16	14	10	6	E
F	27	26	25	24	23	21	18	15	13	9	6	F
G	26	25	24	23	22	20	17	14	12	8	5	G
H	24	23	22	21	20	18	16	13	11	8	5	H
I	22	21	20	19	18	17	15	12	10	7	5	I
J	20	19	18	17	16	15	14	11	9	7	4	J
K	18	17	16	15	14	13	12	10	8	6	4	K
L	16	15	15	14	13	12	10	9	6	5	3	L
M	15	14	14	13	12	11	9	8	5	4	3	M

RAPAPORT : (.40 - .49 CT.) : 06/30/17

	IF	VVS1	VVS2	VS1	VS2	SI1	SI2	SI3	I1	I2	I3	
D	47	40	35	33	31	27	23	20	18	12	8	D
E	39	35	32	31	29	25	22	19	17	11	7	E
F	34	33	31	30	28	24	21	18	16	11	7	F
G	32	31	30	29	27	23	20	17	15	10	6	G
H	29	28	27	26	24	22	19	16	14	9	6	H
I	24	23	22	21	20	19	17	15	13	8	6	I
J	22	21	20	19	18	17	16	14	12	8	5	J
K	20	19	18	17	16	15	14	12	10	7	5	K
L	18	17	16	15	14	13	12	10	8	6	4	L
M	17	16	15	14	13	12	11	9	7	5	4	M

W: 25.64 = 0.00% ✧ ✧ ✧ T: 15.68 = 0.00%
0.60 - 0.69 may trade at 7% to 10% premiums over 0.50

W: 31.64 = 0.00% ✧ ✧ ✧ T: 18.57 = 0.00%
0.80 - 0.89 may trade at 7% to 12% premiums over 0.70

RAPAPORT : (.50 - .69 CT.) : 06/30/17 — ROUNDS

	IF	VVS1	VVS2	VS1	VS2	SI1	SI2	SI3	I1	I2	I3	
D	77	59	52	47	44	36	29	25	22	16	11	D
E	60	51	47	44	40	34	27	24	21	15	10	E
F	50	47	45	42	38	32	26	23	20	14	10	F
G	47	42	41	39	36	31	25	22	19	13	9	G
H	43	38	37	36	34	29	24	21	18	12	8	H
I	36	31	30	29	28	25	22	20	16	11	8	I
J	30	27	26	25	24	23	21	19	15	11	7	J
K	25	23	22	21	20	19	18	15	13	10	7	K
L	22	21	19	18	17	16	13	11	9	6	6	L
M	20	19	18	17	16	15	14	11	9	7	5	M

RAPAPORT : (.70 - .89 CT.) : 06/30/17

	IF	VVS1	VVS2	VS1	VS2	SI1	SI2	SI3	I1	I2	I3	
D	91	74	65	61	56	47	40	35	30	20	13	D
E	73	66	62	58	53	45	37	33	29	19	12	E
F	65	60	56	53	50	43	35	31	27	18	12	F
G	60	55	51	49	46	41	33	30	26	17	11	G
H	55	50	47	45	42	38	31	28	24	16	10	H
I	46	42	40	39	37	33	28	25	22	15	10	I
J	37	33	31	30	29	27	25	23	20	14	9	J
K	33	29	26	25	24	23	21	19	17	13	8	K
L	28	26	24	23	22	21	19	16	14	11	7	L
M	25	23	22	21	20	19	17	14	12	9	6	M

W: 45.44 = -2.66% ✧ ✧ ✧ T: 25.11 = -1.36%

W: 57.72 = -1.57% ✧ ✧ ✧ T: 32.05 = -0.79%

图 7-2 RAPAPORT DIAMOND REPORT 钻石报价表

附录 B 镶嵌首饰检验及评价

一、贵金属材料及性质

1. 黄金

（1）金的基本性质

黄金（Gold）是从自然金、含金硫化物中提取的一种具强金属光泽的黄色贵金属。其化学元素符号为 Au，原子序数为 79。

黄金的密度大，为 $19.32 g/cm^3$；硬度低，为 2.5，与人的指甲相近。熔点为 1064.43 ℃，化学性质稳定，不溶于酸碱，溶于王水、氰化物和水银（Hg）；延展性好，可任意拉丝或轧片。

（2）金的计量单位

金的计量单位国际上通用的有：克（g）、金衡盎司（Troy Ounce）；我们国家旧制式有：市斤、两、钱、分。

1 金衡盎司 = 31.1035 克

1 两 = 31.25 克

1 市斤 =500g = 16 两

（3）金的成色（含量）标识

K 金饰品的特点是用金量少，成本低，又可以配制成各种颜色，且不易变形和磨损，特别是镶嵌宝石后牢固美观，更显出宝石的珍贵美丽。

镶嵌钻石常采用 18K 或 14K 白色金，这样钻石才能镶嵌牢靠、平稳，不容易脱落。K 白金也是一种黄金的合金。由于真正的铂金价格太贵，为迎合广大消费舒对铂金的需求，降低成本，市场上便出现了 K 白金。它不是铂金，而是黄金与其他金属的合金制成的白色金属。为了区别铂金，人们就称呼这种合金为 K 白金，购买时，需特别注意，以免和真正的铂金相混。常见金的成色（含量）标识见表 1。

表 1 金的成色（含量）标识

标识类型	标识释义	常见含量			
K 制	将 24 等分划分金含量的黄金计量单位。K 金是指黄金和其它金属熔炼在一起的合金。因为这种合金的英文单词是 Karat Gold，所以简称 K 金	1 K	14 K	18 K	24 K
千分制	以金含量的千分之几为单位。例如足金 990 是指金含量 990‰	41.6‰	585‰	750‰	1000‰
百分制	以金含量的百分之几为单位。千足金：含金 99.9%，也称为三九金或四九金；足金：含金 99.0%，也称为二九金	4.16 %	58.5 %	75 %	100%

2. 银

（1）银的基本性质

银（Silver）其化学元素符号为 Ag，原子序数为 47。

银的密度相对较低，为 10.50g/cm³，低于铂金和黄金，高于其它普通金属；硬度低，与黄金接近，为 2.7。熔点为 960.8 ℃，化学性质稳定，易与含硫物质发生反应，生成黑色的硫化银；能与硝酸迅速发生反应生成硝酸银，但一般情况下不与稀盐酸、稀硫酸发生反应。

银的导电和导热性能为各种金属之冠，常用作电接插件的触点。其延展性良好，可捶打成薄的银片，制作成各种镂空首饰。

（2）银的成色（含量）标识

银太软，易变形，因而用纯银制作首饰较少，钻石也很少用纯银进行镶嵌。银的标示以银含量的千分之几为单位。例如 990 意思是银含量 990‰，其他银的成色（含量）标识及释义见表 2。

表 2 银的成色（含量）标识

千分制标识及常见含量	标识释义
990 或 S990	含银 990‰以上，质软，又称足银
98 银	含银 980‰以上，质稍硬，用于一般保值银首饰
"银 925"、"SILVER925" 或 "S925"	含银 925‰以上，又称标准银或首饰银，硬度大，适于作镶嵌首饰，银 925 常为银合金，通常会加入铜 Cu 或其他金属元素作为补口

3. 铂金

（1）铂金的基本性质

铂金（Platinum）其化学元素符号为 Pt，原子序数为 78。铂金的密度在贵金属中最高，达到 21.45g/cm³，硬度不高，为 4.3，指甲不能刻划。熔点很高为 1769℃，铂金呈浅灰白色，颜色色调介于白银和金属镍之间，但其鲜明程度远超过金属银和镍。

化学性质稳定，不溶于强酸强碱，不易氧化，也不像黄金那样易于被磨损。95% 的铂金产于南非和前苏联。铂金的产量比黄金少得多，其年产量大约只有黄金的 1/20，加上铂金熔点高，提炼铂金也比黄金困难，消耗能源更多，故价格高于黄金。

（2）铂金的成色（含量）标识

铂稳定，硬度较高，常见用于钻石镶嵌。铂的成色（含量）标识及释义见表3。

4. 钯金

（1）钯金的基本性质

钯金（Palladium）其元素符号Pd，是铂族元素之一，原子序数为46。外观与铂金相似，呈银白色金属光泽，色泽鲜明。密度为12.03g/cm³，轻于铂金，延展性强。熔点为1550℃，硬度4.5左右，比铂金稍硬。化学性质较稳定，不溶于有机酸、冷硫酸或盐酸，但溶于硝酸

和王水，常态下不易氧化和失去光泽。

（2）钯金的成色（含量）标识

钯具有极佳的物理与化学性能，耐高温、耐腐蚀、耐磨损和具有极强的伸展性，在纯度、稀有度及耐久度上，都可与铂金互相替代，无论单独制作首饰还是镶嵌宝石，堪称较理想的材质。

国际上钯金首饰品的印记是"Pd"或"Palladium"字样，并以纯度千分数字代表之，铂的成色（含量）标识及释义见表4。

表3 铂的成色（含量）标识

千分制标识及常见含量	标识释义
Pt990、足铂、铂990	含铂990‰以上
Pt950	含铂950‰以上，市场上可见该含量镶嵌首饰
铂900或Pt900	含铂900‰以上，市场上较常见，镶嵌首饰多用900铂，牢固不易脱落。铂900中除了铂以外，其它元素为钯、钴、铜等
Pt850	含铂850‰以上

表4 钯的成色（含量）标识

千分制标识及常见含量	标识释义
Pd990	含钯990‰以上
Pd950	含钯950‰以上
Pd900	含钯900‰以上
Pd850	含钯850‰以上

二、常见首饰镶嵌方法

1. 镶嵌工艺的发展

（1）传统镶嵌工艺

传统镶嵌工艺是以明、清两个时期为基础的，这些工艺的主要特点是：将不同色彩、形状、质地的宝石作为饰品的重要表现主题，组成不同造型、图案、纹样、款式的饰品，大量运用镶、错、鋄、掐、编、焊、鎏等方法，使作品生动、精湛、光灿。

由于受整个社会技术水平发展的制约，传统镶嵌工艺的特色是以手工操作为主，强调操作者的技能熟练度，几乎每一件成功或出色的作品都是操作者技能的体现。这就使得传统镶嵌工艺发展缓慢，变化较少，当一个从业者从接触开始，到成为一名有成就者，十几年、几十年的时间是很多见，更有甚者要穷尽一生之功，因此传统镶嵌工艺发展速度可想而知。

（2）现代镶嵌工艺

现代镶嵌工艺与传统镶嵌工艺的最大区别在工具和设备的运用上。现代镶嵌工艺在摆脱了手工操作的基础上，用先进的设备及技术来提高饰品的加工速度和难度。

现代镶嵌工艺的特征之一是标准化、批量化；现代镶嵌工艺的特征之二是设备技术先进，生产成本较低。

作为首饰镶嵌工艺，无论是传统也罢、现代也罢，都是一种技艺，它们既互为关联，又各有特点，有时可以相互配合，有时可以独立运用。例如，在制造少量甚至一、二件饰品时，传统镶嵌工艺较行之有效。而要制造效果独特、造型精密的饰品时，则现代镶嵌工艺更必不可少。

2. 贵金属首饰常见的镶嵌方法

（1）钉镶

一种直接在金属材料上镶口的边缘用工具铲出几个小钉，用以固定钻石的镶嵌方法（图9）。

这种镶嵌法需讲求钻石的大小和高度是否一致及每颗钻石的次序安排。由于没有金属的包围，钻石能透入及反射更充足的光线，突显钻饰的艳丽光芒。

（2）槽镶

一种先在贵金属托架上车出沟槽，然后把钻石夹进槽沟之中的镶嵌方法（图10）。

槽镶适用于相同口径的钻石，一颗接一颗的连续镶嵌于金属槽中，利用两边金属承托钻石，槽镶钻石镶嵌在两根呈平行状的金属条中，可令饰件的表面看来平滑，又不显得突兀，钻石和金属都呈现出了它们不同的风韵。

图 9　钉镶

图 10　槽镶

（3）包镶

一种用金属边把钻石的腰部以下封在金属托（架）之内，用贵金属的坚固性防止钻石脱落的镶嵌方法（图11）。

这是一种比较牢固和传统的镶嵌方式。包镶永恒经典型的底座，将人们的目光吸引到钻石上，稀有的金属与它相配就更加完美了。

（4）爪镶

一种用金属爪（柱）紧紧扣住钻石的镶嵌方法（图12）。

这种镶嵌方法最大的优点就是金属很少遮挡钻石，清晰呈现钻石的美态，并有利光线从不同角度入射和反射，令钻石看起来更大更璀璨，使跳动的光芒展露无遗。爪镶弥补了包镶的不足，成为市场上广受欢迎的单粒钻石饰品样式。

（5）夹镶

也称迫镶，是利用金属的张力固定钻石的腰部或腰部、底尖的一种镶嵌方法（图13）。

夹镶，是目前较为新潮的款式。不少结婚及周年纪念戒指都采用夹镶方法，全靠戒指上下两条金属臂夹住固定钻石。

相对于爪镶，夹镶更能保护钻石腰，戒指造型中钻石和金属高度差可以最小化，并且更利于展示钻石闪烁熠熠的光辉。

图 11　包镶

图 12　爪镶

图 13　夹镶

三、镶嵌首饰检验

贵金属首饰的检验应当包括以下几个方面：

1. 标识

首饰印记应按产地、厂家代号（或商标）、材料、含量的顺序打上印记（图14）。

销售饰品的标签牌上应有：饰品名称、厂家（或代号）及地址、含量、重量、价格等内容。

销售饰品的票据上应有：饰品名称、含量、重量、数量、价格。

当零部件不可与主体独立分拆时，不允许采用非贵金属材料，可采用降低纯度的办法。但是，应该在零部件上同时打印含量的永久性标志，无法打印的应予以说明。当零部件可以与主体独立拆分时，允许采用非贵金属材料制作，但应当在成品减去该零部件的重量。

例如，黄金手镯的门头因工艺需要，金含量较低，就应该在门头上打上18K金或900金的印记。

图 14　首饰印记

2. 外观质量

首饰是装饰品，其使用价值对美观的要求是很重要的。一般基本要求有：

A. 整体造型要求：造型美观，主题突出，立体感强。

B. 图案纹样形象自然，布局合理，线条清晰。

C. 表面光洁，无锉、刮、锤等加工痕迹，边棱、尖角处应光滑、无毛刺，不扎、不刮，无气孔，无夹杂物。

D. 掐丝流畅自然，填丝均匀平整。

E. 浇铸件表面光洁，无砂眼，无裂痕，无明显缺陷。

F. 镶石牢固、周正、平服，硬镶齿应清楚均匀，抱爪长短与宝石相称，定位均匀、对称、合理，边口高矮适当，俯视不露底托。

G. 焊接牢固，无虚焊，漏焊及明显焊疤。

H. 錾刻花纹自然，整体平整，层次清楚。

I. 弹性配件应灵活、有力。

J. 装配件应灵活、牢固、可靠。

K. 表面处理色泽一致，光亮无水渍。

L. 印记准确、清晰，位置适当，应符合《GB 11887-2012首饰贵金属纯度的规定及命名方法》。

3. 首饰重量

贵金属首饰是按重量和加工费计算价格的，饰品的重量是重要指标之一。按照标准规定饰品重量的计量单位是克（g）。

金饰品每件的允差为士0.01 g

银饰品每件的允差为+0.04g，-0.05g

欧洲及香港地区对金饰品的计量单位有所不同，其重量单位换算关系如下：

香港沿用司玛两（不是市两）。

1香港两（TAEL）= 37.429 g

1两 = 10钱　1钱 = 10分　1分 = 10厘

1磅 = 12盎司

1磅（TROY：金银宝石衡量制）= 0.373kg

1金衡盎司 = 31.1035 g

在一般的衡量制中：

1磅 = 16盎司

1磅（POUND）= 453.6 g

1盎司（OUNCE）= 1英两 = 28.349 g

4. 首饰中贵金属含量

首饰中的贵金属含量是其质量的重要指标。自古以来，人们都很关心首饰的成色。贵金属含量的检验方法有很多种，可根据不同需要选用不同的分析方法。

贵金属含量的分析方法根据其原理不同可分为化学分析方法和仪器分析方法。以物质的化学反应为基础的分析方法是化学分析方法，按其操作的不同又有重量分析方法和容量分析方法（也叫滴定分析法）。仪器分析方法是以物质的物理性质和物理化学性质为基础的分析方法，有光学分析法、电化学法、放射分析法等。

四、镶嵌首饰评价

镶嵌首饰质量的评价可以从镶石牢固度及镶口、爪等方面来评价（表5）。

五、镶嵌首饰定名

珠宝玉石饰品，指以珠宝玉石为原料，经过切磨、雕琢、镶嵌等加工制作，用于装饰的产品。

珠宝玉石饰品按珠宝玉石名称＋饰品名称定名。珠宝玉石名称按本标准中各类相对应的定名规则进行定名；饰品名称依据《GB11887-2012 首饰贵金属纯度的规定及命名方法》及《QB/T 1689-2006 贵金属饰品术语》的规定进行定名。如：由多种珠宝玉石组成的饰品，可以逐一命名各种材料。如："碧玺、石榴石、水晶手链"；以其主要的珠宝玉石名称来定名，在其后加"等"字，但应在相关质量文件中附注说明其它珠宝玉石名称。如："碧玺等手链"或"碧玺、石榴石等手链"；附注说明"碧玺、石榴石、水晶"。

其它金属材料镶嵌的珠宝玉石饰品，可按照金属材料名称＋贵金属含量＋珠宝玉石名称＋饰品名称进行定名。

表 5 镶嵌首饰评价要素及要点

评价要素	评价要点
镶石牢固度	（1）检查宝石与爪口是否吻合无缝。 （2）宝石在爪口中是否端正，切忌俯视有斜、扭的感觉。 （3）镶爪嵌好后，应自然地紧贴宝石面，检查时侧视应无缝隙。薄纸不能插入镶爪与宝石之间的缝隙，用钳子钳住宝石摇动时，无松动感觉。 （4）爪头是否光滑、圆整，用火柴棒等细小棒状物体戳顶宝石底部无松动或脱落。
镶口	（1）高度要与宝石大小和厚度相适应。 （2）锥度要一致，不能歪斜。 （3）大小要与宝石一致或略小于宝石 0.1-0.2mm。 （4）俯视宝石，不能露出镶口。
爪	（1）爪的粗细、长短应与宝石大小相匹配，如爪太细而宝石太大，会显得爪无力支撑宝石。 （2）成双的镶爪要对称，距离要均匀。

附录 C　钻石复习题集

一、钻石检验员理论复习题集

1. 单选

1. 一束光线从光疏介质折射进入光密介质时，其入射角与折射角之间的关系应该是（　　　）。

A. 入射角 = 折射角　　B. 入射角 > 折射角　　C. 入射角 < 折射角　　D. 没有明确大小关系

2. 一束光线从光密介质向光疏介质传输时，当入射角增大到某一角度，这时不再发生折射而发生反射，这种现象被称为（　　　）。

A. 折射　　B. 反射　　C. 全内反射　　D. 散射

3. 肉眼可分辨的电磁波谱被称为可见光，其波长范围是（　　　）。

A.300—600nm　　B.400—700nm　　C.500 – 800nm　　D.300 – 700nm

4. 钻石的稳定性极好，但是在有氧条件下，温度达到（　　　）摄氏度开始缓慢氧化，变成二氧化碳。

A.650　　B.1650　　C.800　　D.1800

5. 钻石与下列哪种物质属于同质多像体（　　　）。

A. 石墨　　B. 合成碳化硅　　C. 合成立方氧化锆　　D. 人造钛酸锶

6. 晶体与非晶体的本质区别在于（　　　）。

A. 晶体是固态的，非晶体是液态的
B. 晶体具有三维空间格子构造，非晶体不具有三维空间格子构造
C. 晶体没有固定熔点，非晶体具有固定熔点
D. 晶体和非晶体都具有对称性和规则外形

7. 晶体按对称规律性可以分为三大晶族和七大晶系，下列属于中级晶族（　　　）。

A. 三方晶系　　B. 单斜晶系　　C. 三斜晶系　　D. 等轴晶系

8. 根据《GB／T 16552–2010 宝玉石　名称》的规定，下列定名不正确的是（　　　）。

A. 美神莱　　B. 合成钻石　　C. 钻石（处理）　　D. 合成立方氧化锆

9. 贵金属中的金属铂的化学元素符号是（　　　）。

A.Ag　　B.Pt　　C.Pd　　D.Au

10. 对于贵金属中的黄金含量 75% 的饰品，下列标识不正确的是（　　　）。

A.18K　　B.G750　　C.Au750　　D.K 黄金 75%

11. 按照镶嵌工艺原则来说，钻石镶嵌最为理想的贵金属材料是（　　　）。

A.925 银　　B.18K 白金　　C.Pd950　　D. 足铂

12. 某钻石仿制品密度与钻石相近，正交偏光镜下测试，显非均质性，该材料可能是（　　　　）。

A.水晶　　B.黄玉　　C.尖晶石　　D.锆石

13. 下列钻石仿制品中色散值最大，火彩最强的是（　　　　）。

A.合成立方氧化锆　　B.人造钇铝榴石　　C.人造钛酸锶　　D.合成碳化硅

14. 合成立方氧化锆与钻石在火彩和光性方面都非常相似，但可以利用（　　　　）的不同来进行有效区分。

A.密度　　B.光泽　　C.荧光　　D.颜色

15. 10× 放大镜下，区别钻石和锆石最有效是（　　　　）。

A.观察重影现象　　B.观察刻面棱磨损情况　　C.观察包裹体特征　　D.观察生长结构特征

16. 标准摩氏硬度计中，摩氏硬度为 8 的矿物是（　　　　）。

A.刚玉　　B.长石　　C.水晶　　D.黄玉

17. 下列钻石仿制品能被托帕石刻划，留下刻划印迹的是（　　　　）。

A.钻石　　B.刚玉　　C.碳化硅　　D.水晶

18. 根据解理面光滑程度，下列具有完全解理的宝石品种是（　　　　）。

A.水晶　　B.刚玉　　C.碳化硅　　D.钻石

19. 如果将钻石的净度级别由 VVS 提升到 LC 时，下列哪些特征不能够经抛光去除掉（　　　　）。

A.点状包体　　B.抛光纹　　C.刮伤　　D.烧痕

20. 在一颗钻石中发现三个晶态包体，对每一个晶态包体分开进行净度定级时，其净度级别分别可以定为 SI_1、VS_2、VS_1，那么该钻石的最终净度级别应为（　　　　）。

A.应选最高净度级别，定为 VS_1

B.应选最低净度级别，定位 SI_1

C.应选中间净度级别，定位 VS_2

D.应在最低净度级别 SI_1 上，再叠加上 VS_1、VS_2 两个包体对其净度的影响

21. 钻石打磨过程中，在腰围经常容易出现"胡须"，这与钻石物理性质中（　　　　）有关。

A.裂理　　B.断口　　C.解理　　D.韧性

22. 《GB／T 16554—2010 钻石分级》国家标准中规定镶嵌钻石净度级别分为（　　　　）级别。

A.11 个　　B.10 个　　C.5 个　　D.6 个

23. 影响一颗钻石净度级别主要是因素是（　　　　）。

A.内部特征　　B.台面特征　　C.外部特征　　D.冠部特征

24. 肉眼从钻石冠部观察，可见其内、外部特征，则该钻石净度级别应定为（　　　　）。

A.P 级　　B.VVS 级　　C.VS 级　　D.SI 级

25．净度分级时为保证钻石各个部分被充分观察而无遗漏，比较理想的观察顺序应为（　　　　）。

A. 台面－冠部小刻面－亭部－腰棱　　　B. 腰棱－台面－冠部小刻面－亭部

C. 冠部小刻面－台面－亭部－腰棱　　　D. 亭部－台面－冠部小刻面－腰棱

26．《GB／T 16554-2010 钻石分级》国家标准中规定的钻石"4C"分级对象是（　　　　）。

A. 合成钻石　　B. 天然未镶嵌及镶嵌抛光钻石　　C. 处理钻石　　D. 钻石仿制品

27．下列不属于净度特征中的外部特征的是（　　　　）。

A. 原始晶面　　B. 点状包体　　C. 棱线磨损　　D. 抛光痕

28．下列净度级别不符合《GB／T 16554-2010 钻石分级》国家标准中规定的是（　　　　）。

A. VVS　　B. FL　　C. I　　D. LC

29．国际钻石交易中重量用克拉（ct）计量，要求有效数字保留小数点后两位，第三位（　　　　）。

A. 4 舍 5 入　　B. 逢 8 进 1　　C. 逢 6 进 1　　D. 逢 9 进 1

30．一克拉标准圆钻型切工的钻石，其理想的腰围直径应为（　　　　）。

A. 6.0mm 左右　　B. 6.2mm 左右　　C. 6.5mm 左右　　D. 6.8mm 左右

31．一颗钻石最小直径 4.24mm，最大直径 4.26mm，全深 2.51mm，薄腰，其计算得到的克拉重量应为（　　　　）。

A. 0.26ct　　B. 0.27ct　　C. 0.28ct　　D. 0.29ct

32．第一版钻石分级国家标准《GB／T 16554-1996 钻石分级》正式发布时间为（　　　　）。

A. 1996 年 7 月 1 日　　B. 1996 年 8 月 1 日　　C. 1996 年 10 月 7 日　　D. 1996 年 7 月 7 日

33．第二版钻石分级国家标准《GB／T 16554-2003 钻石分级》正式实施时间为（　　　　）。

A. 2003 年 7 月 1 日　　B. 2003 年 9 月 1 日　　C. 2003 年 10 月 1 日　　D. 2003 年 11 月 1 日

34．美国宝石学院英文简称是（　　　　）。

A. CIBJO　　B. IDC　　C. GIA　　D. HRD

35．戴比尔斯（De Beers）钻石推广中心英文简称是（　　　　）。

A. CSO　　B. DTC　　C. HRD　　D. IDC

36．最新版钻石分级国家标准《GB／T 16554-2010 钻石分级》正式发布日期是（　　　　）。

A. 2010 年 9 月 1 日　　B. 2010 年 9 月 26 日　　C. 2011 年 02 月 1 日　　D. 2011 年 02 月 26 日

37．最新版钻石分级国家标准《GB／T 16554-2010 钻石分级》正式发布实施日期是（　　　　）。

A. 2010 年 9 月 1 日　　B. 2010 年 9 月 26 日　　C. 2011 年 02 月 1 日　　D. 2011 年 02 月 26 日

38．最早提出完整钻石"4C"分级概念的是（　　　　）。

A. IDC　　B. CIBJO　　C. HRD　　D. GIA

39. 欧洲问世最早的钻石分级标准是下列哪个机构制定的（　　　）。

A.HRD　　B.CIBJO　　C.Scan.D.N　　D.RAL

40. 《GB/T 16554—2010 钻石分级》国家标准中的"T"代表（　　　）。

A. 推荐执行　　B. 强制执行　　C. 选择执行　　D. 要求执行

41. 钻石国际报价表"Rapaport"是由下列哪个国家定期发布（　　　）。

A. 美国　　B. 德国　　C. 俄罗斯　　D. 日本

42. 世界上钻石最早被发现于下列哪个国家（　　　）。

A. 印度　　B. 巴西　　C. 南非　　D. 澳大利亚

43. 目前世界上钻石产量最大的国家是（　　　）。

A. 刚果　　B. 南非　　C. 加拿大　　D. 澳大利亚

44.100 克拉以上的钻石毛坯主要发现于下列哪个洲（　　　）。

A. 美洲　　B. 非洲　　C. 亚洲　　D. 大洋洲

45. 钻石具有典型的差异硬度属性，其中哪个面的硬度最高（　　　）。

A. (101)　　B. (111)　　C. (011)　　D. (110)

46. 钻石切磨时要认真分析钻石毛坯的（　　　）性质，以保证切割顺利。

A. 解理　　B. 断口　　C. 裂理　　D. 差异硬度

47. 《GB/T 16554—2003 钻石分级》国家标准中规定，台宽比评价很好范围是（　　　）。

A.50-52%　　B. 53-66%　　C. 67-70%　　D. < 50%

48. 钻石"4C"分级中，净度的英文单词是（　　　）。

A.Color　　B.Clarity　　C.Cut　　D.Carat

49. 明亮式圆钻型切工的英文全称是（　　　）。

A.Bright Cut　　B.Light Cut　　C. Fancy　Cut　　D. Brilliant Cut

50. 标准圆钻型钻石切工是根据光的（　　　）原理设计而形成的。

A. 折射　　B. 反射　　C. 全内反射　　D. 色散

51. 标准圆钻型切工钻石亭深比是指（　　　）。

A. 亭部高度相对于腰围平均直径的百分比　　B. 亭部高度相对全深的百分比
C. 亭部高度相对于台面宽度的百分比　　D. 亭部高度相对于冠部高度的百分比

52. 将钻石切割成多刻面琢形的主要目的是（　　　）。

A. 保证钻石重量尽量最大化　　B. 形状一致，增加钻石外观的美观性
C. 保证钻石净度级别最优化　　D. 增加钻石外在的美观性，使光泽、光彩充分显露

53. 钻石比率中，当亭深比小于 40％时，钻石将会出现（　　　）。

A. 黑底效应　　B. 鱼眼效应　　C. 单反效应　　D. 领结效应

54. 钻石比率中，亭深比大于 49％的钻石将会出现（　　　）。

A. 黑底效应　　B. 鱼眼效应　　C. 单反效应　　D. 领结效应

55. 利用仪器观察标准圆钻型切工钻石，出现"八心八箭"现象，表明该钻石有比较好的（　　　）。

A. 颜色　　B. 切工　　C. 净度　　D. 火彩

56. 钻石在正交偏光镜下转动 360 度，通常会显示（　　　）消光现象。

A. 全黑　　B. 全亮　　C. 四明四暗　　D. 异常消光

57. 具异常双折射的宝石，在正交偏光（锥光）镜下转动 360 度，可具有（　　　）现象。

A. 四明四暗消光　　B. 干涉图（单臂或黑十字形状）

C. 不同颜色的晕彩　　D. 明暗相间无规则性的斑纹

58. 常规宝石鉴定时，检测钻石发光性最常用的仪器设备是（　　　）。

A. 紫外荧光灯　　B. 偏光镜　　C. 二色镜　　D. 分光镜

59. 利用热导仪不能将其与钻石区分开的钻石仿制品是（　　　）。

A. 合成立方氧化锆　　B. 合成无色尖晶石　　C. 无色刚玉　　D. 合成碳化硅

60. 用于检测宝石发光性的紫外荧光灯，其长波紫外线的波长为（　　　）。

A. 365nm　　B. 253.7nm　　C. 400nm　　D. 360nm

61. 用于检测宝石发光性的紫外荧光灯，其短波紫外线的波长为（　　　）。

A. 365nm　　B. 253.7nm　　C. 400nm　　D. 360nm

62. 快速区分钻石与钻石仿制品，是利用钻石的（　　　）性质来检测的。

A. 高的热导率　　B. 高的密度值　　C. 特征 415.5 吸收线　　D. 典型的内含物特征

63. 对于群镶钻石首饰，快速检测多颗粒钻石真伪最为简便及有效的方法是（　　　）。

A. 放大检查　　B. 紫外荧光检查　　C. 热导仪检测　　D. 亲油疏水性检测

64. 利用比重液测试钻石与合成碳化硅相对密度值，在 3.32 重液中，二者表现分别是（　　　）。

A. 钻石下沉，碳化硅上浮　　B. 钻石上浮，碳化硅下沉

C. 两者都下沉　　D. 两者都上浮

65. 在区分钻石及其仿制品（除了合成碳化硅之外）时，最简便快速的方法是（　　　）。

A. 重影现象观察　　B. 重量公式估算　　C. 导电性测试　　D. 热导仪测试

66. 钻石在二碘甲烷重液（SG=3.32）中，将出现（　　　）现象。

A. 上浮　　B. 悬浮　　C. 下沉　　D. 不定

67. 合成碳化硅在二碘甲烷重液（SG=3.32）中，将出现（　　　）现象。

A. 上浮　　B. 悬浮　　C. 下沉　　D. 不定

68. 下列哪种仪器工具可以测试出钻石的折射率值（　　　）。

A. 10× 放大镜　　B. 宝石折射仪　　C. 游标卡尺＋天平　　D. 带刻度标尺的宝石显微镜

69. 下列哪种钻石仿制品的折射率值可以用宝石折射仪进行检测（　　　）。

A. 合成碳化硅　　B. 合成立方氧化锆　　C. 锆石　　D. 无色刚玉

70. 测试宝石相对密度值采用的静水称重的方法，其基本原理是（　　　）。

A. 摩尔定律　　B. 牛顿定律　　C. 阿基米德定律　　D. 胡克定律

71. 利用二碘甲烷重液（SG=3.32），可以将钻石与下列哪种钻石仿制品区分开（　　　）。

A. 合成碳化硅　　B. 刚玉　　C. 合成立方氧化锆　　D. 黄玉

72. 如果将一块无色透明的水晶放入一瓶比重液中，水晶呈悬浮状态，则该比重液的相对密度值为（　　　）。

A. 3.32　　B. 3.05　　C. 2.89　　D. 2.65

73. 下列哪种仪器不属于现代大型珠宝检测设备（　　　）。

A. 傅里叶变换红外光谱仪　　B. 激光拉曼光谱仪　　C. 阴极电子束发光仪　　D. 紫外荧光灯

74. 下列哪种仪器对检测区分钻石与合成钻石比较有效（　　　）。

A. 热导仪　　B. 偏光镜　　C. 阴极发光仪　　D. 紫外荧光灯

75. 利用高温高压（HTHP）合成的钻石，其主要属于（　　　）类型。

A. Ⅰa　　B. Ⅰb　　C. Ⅱa　　D. Ⅱb

76. 根据包裹体形成时间的先后顺序，可以分为（　　　）、同生和次生包裹体

A. 原生　　B. 外生　　C. 内生　　D. 共生

77. 钻石具有八面体方向完全解理，这种解理一共有（　　　）组。

A. 1　　B. 2　　C. 3　　D. 4

78. 下列哪个宝石学参数与钻石的不相符合（　　　）。

A. 折射率 2.417　　B. 比重 3.521　　C. 双折率 0.044　　D. 摩氏硬度 10

79. 下列哪种情况不是利用钻石的高导热性（　　　）。

A. 热导仪　　B. 呵气实验　　C. 手摸钻石感觉比较凉　　D. 真空加热体积变化很小

80. X 射线可以穿透钻石，利用这个性质可以进行钻石真伪鉴别，其主要是利用了（　　　）。

A. 碳原子原子序数小，对 X 射线不产生吸收　　B. 钻石透明度高有利于 X 射线穿透
C. 钻石的晶体结构有利于 X 射线穿透　　D. X 射线能量大，在钻石内部不发生全反射

81. 下列哪个省份不是中国钻石主要产地（　　　）。

A. 山东　　　B. 辽宁　　　C. 云南　　　D. 湖南

82. 下列哪种双晶类型不是钻石中常见的（　　　）。

A. 接触双晶　　　B. 三角薄片双晶　　　C. 轮式双晶　　　D. 穿插双晶

83. 下列哪个特征不是 IIa 型钻石所特有的（　　　）。

A. 晶体位错致色　　　B. 所有钻石中导热性最好的　　　C. 颜色呈粉红色　　　D. 颜色呈蓝色

84. 四个类型的钻石中，导热性最好的是下列哪个类型（　　　）。

A. Ⅰa 型　　　B. Ⅰb 型　　　C. Ⅱa 型　　　D. Ⅱb 型

85. 钻石在 X 射线的照射下都会发（　　　）颜色荧光，利用这个性质可以进行选矿。

A. 黄绿色　　　B. 紫色　　　C. 蓝白色　　　D. 黄色

86. 钻石中哪种微量元素含量越高，对可见光中蓝紫光吸收越强，钻石黄色调也越深（　　　）。

A. 硼元素（B）　　　B. 氮元素（N）　　　C. 氢元素（H）　　　D. 铝元素（Al）

87. 钻石中氮（N）元素以单原子形式出现，自然界中此类型钻石极少，颜色为黄、黄绿和褐色，这种类钻石为（　　　）。

A. Ⅰa 型　　　B. Ⅰb 型　　　C. Ⅱa 型　　　D. Ⅱb 型

88. 利用钻石亲油疏水性做托水试验鉴别钻石真伪时，水滴出现下列哪种现象可以判断是钻石（　　　）。

A. 水滴在台面迅速散开　　　B. 水滴在台面保持很好圆度，不散开

C. 水滴平铺整个台面　　　D. 无法判断

89. 利用显微镜进行钻石净度分级素描图绘制时，冠部、亭部排列方式为（　　　）。

A. 上下对称排列　　　B. 左右对称排列　　　C. 前后对称排列　　　D. 正反对称排列

90. 钻石净度图绘制时，左手镊子夹住钻石横着放，竖着夹，则钻石从冠部观察位置相对于上次观察位置是（　　　）。

A. 顺时针转 90 度　　　B. 逆时针转 90 度　　　C. 顺时针转 180 度　　　D. 逆时针转 180 度

91. 钻石颜色分级时，将钻石斜放入 "V" 型比色纸槽，视线应与亭部刻面呈（　　　）角度观察。

A.45 度　　　B.90 度　　　C.135 度　　　D. 任意角度

92. 钻石颜色级别坐标标注是，＜N 色色级应标注在 N 色级点的（　　　）。

A.N 色级点左边　　　B. N 色级点右边　　　C.N 色级点上　　　D. N 色级点左右都可以

93. 钻石净度分级最为常用的夹持钻石的方式是（　　　）。

A. 平齐腰棱水平夹持　　　B. 垂直腰棱夹持　　　C.45 度斜向腰棱夹持　　　D. 台面底尖夹持

94. 钻石颜色分级中，无色与浅黄色一般以下列哪颗比色石作为分界点（   ）。

A. H   B. K   C. M   D. N

95. 钻石颜色分级时，判定钻石是否带有灰色点，一般观察底尖亮带与（   ）部位变黑、变灰、变暗来确定。

A. 腰围   B. 台面   C. 冠角   D. 亭角

96. 钻石颜色对比时比最高色级比色石还要白，则该颗钻石颜色为（   ）。

A. D   B. E   C. D-E   D. 无法确定

97. 钻石净度分级中羽状纹是下列哪种特征专业术语表示（   ）。

A. 破口   B. 空洞   C. 内凹原始晶面   D. 裂隙

98. 钻石净度分级时，内部包体形成的影像会使净度级别（   ）。

A. 降低   B. 增高   C. 不变   D. 视觉影像，不影响定级

99. 净度分级中进行分区划分，根据位置重要性划分的区域，其中Ⅱ区是指钻石（   ）。

A. 台面   B. 星刻面和一半风筝面   C. 上腰面和一半风筝面   D. 亭部

100. 切工分级时，侧面观察腰围，腰棱360度一周不在同一水平面内，这种现象属于（   ）。

A. 刻面尖点未对齐   B. 冠亭错位   C. 波状腰   D. 骨状腰

2. 多选

1. 钻石首饰中，常被用来作为镶嵌钻石的贵金属材料有（   ）。

A. 18K 金   B. 足金   C. Pt900   D. 足铂   E. 925 银

2. 根据《GB/T 16552-2010 珠宝玉石名称》规定，下列宝石定名正确的是（   ）。

A. 南非钻石   B. 美神莱   C. 合成钻石   D. GE 钻石   E. 钻石（处理）

3. 利用 10× 放大镜，能有效进行下列哪些比率分级（   ）。

A. 台宽比   B. 亭深比   C. 腰厚比   D. 冠角   E. 全深比

4. GIA 钻石切工比率评价等级有（   ）。

A. EX   B. VG   C. G   D. F   E. P

5. 根据剔磨／刷磨的严重程度可以分为下列哪些等级（   ）。

A. 严重   B. 明显   C. 适中   D. 中等   E. 无

6. 下列哪些方面缺陷可以看成抛光质量问题（   ）。

A. 抛光纹   B. 烧痕   C. "蜥蜴皮"效应   D. "领结"效应   E. "单翻"效应

7. 镶嵌钻石首饰镶嵌工艺评价主要从下列哪些方面进行（　　）。

A. 镶嵌材料　　B. 镶嵌方法　　C. 加工工艺及表面处理

D. 印记识别　　E. 镶嵌首饰定名

8. 下列符号中哪些是表示钻石的外部特征的（　　）。

A.　　　　B.　　　　C.　　　　D.　　　　E. **B**

9. 钻石净度分级国家标准中规定的内外部特征符号中，红绿笔同时表示的有（　　）。

A. 原始晶面　　B. 内凹原始晶面　　C. 空洞　　D. 破口　　E. 激光痕

10. 钻石颜色分级基本功训练重点强调下列哪几个方面（　　）。

A. 洗钻石　　B. 灰色调降级处理　　C. 强荧光降级处理

D. 夹钻石　　E. 强火彩强光泽观察角度调整

11. 钻石腰围常出现下列哪些特征，借此可以与钻石仿制品相区分（　　）。

A. 粗磨腰围呈"砂糖状"　　B. 原始晶面　　C. 三角座或三角凹坑

D. "V"字型破口　　E. 须状腰

12. 在进行净度分级时，区别表面灰尘和内部包裹体的方法有（　　）。

A. 焦平面法　　B. 闪光效应　　C. 表面反射法　　D. 金属针排除法　　E. 酒精清洗法

13. 利用 10×放大镜和游标卡尺可以直接进行测算的钻石比率值有（　　）。

A. 台宽比　　B. 亭深比　　C. 冠角　　D. 全深比　　E. 超重比

14. 根据《GB/T 16554—2010 钻石分级》国家标准超重比评价等级有（　　）。

A.EX　　B.VG　　C.G　　D.F　　E.P

15. 钻石净度分级基本功训练重点强调下列哪几个方面（　　）。

A. 洗钻石　　B. 灰色调降级处理　　C. 强荧光降级处理

D. 夹钻石　　E. 表面黑色物质区分

16. 下列哪些特征与钻石八面体解理有关（　　）。

A. 须状腰　　B. 劈钻　　C. 破口的形成　　D. 圆钻型琢型设计　　E. 抛光刻面方向

17. 天然钻石与天然无色钻石仿制品可通过下列哪些性质进行区分（　　）。

A. 比重值　　B. 折射率值　　C. 吸收光谱　　D. 硬度高低　　E. 光性

18. 切磨成标准圆钻型切工的合成碳化硅宝石学特征有（　　）。

A. 明显刻面棱重影现象　　B. 须状腰棱　　C. 极强火彩

D. 刻面棱圆滑　　E. 偶见丝状包体

19. 作为钻石仿制品，为了尽可能与钻石接近，必须具备以下哪些条件（　　）。

A. 高硬度　　B. 高色散值　　C. 稀有性　　D. 高折射率值　　E. 优良切工

20. 钻石净度分级时，需要考虑影响石净度分级的基本因素有（   ）。

A. 瑕疵大小　　B. 瑕疵类型　　　C. 瑕疵位置　　　D. 瑕疵颜色及反差　　E. 瑕疵形成时间

21. 下列常用来测量钻石尺寸大小的工具有（   ）。

A. 游标卡尺　　B. 孔型量规　　C. 摩氏量规　　D. 对照量规　　E. 普通直尺

22. 下列常用来获取钻石重量的工具或方法有（   ）。

A. 电子天平直接称量　　　B. 量取相应尺寸公式估算　　C. 对照量规对应重量大小
D. 带刻度显微镜估算　　　E.3.32 重液测算

23. 世界钻石四大切磨中心通常是指（   ）。

A. 美国纽约　　B. 荷兰阿姆斯特丹　　C. 印度孟买
D. 比利时安特卫普　　E. 以色列特拉维夫

24. 目前世界上最主要的钻石产出国有（   ）。

A. 南非　　B. 加拿大　　C. 俄罗斯　　D. 博茨瓦纳　　E. 澳大利亚

25. 中国钻石资源主要分布在以下哪些地方（   ）。

A. 辽宁瓦房店　　B. 辽宁岫岩　　C. 山东蒙阴　　D. 山东昌乐　　E. 湖南沅水流域。

26.《GB/T 16554−2010 钻石分级》中对钻石颜色分级所需的比色石基本要求有（   ）。

A. 钻石质量 ≥ 0.30 ct　　B. 净度 SI_1 或 SI_1 以上　　C. 无色——浅黄色（褐、灰）系列
D. 荧光强度等级为无　　E. 标准圆钻型切工

27. 钻石切磨工艺主要流程包括以下哪些方面（   ）。

A. 方向标记　　B. 分割（劈、锯钻）　　C. 刻面成形　　D. 刻面抛光　　E. 腰围打磨

28. 标准圆钻型切工的钻石，其切磨刻面主要包括（   ）。

A. 台面　　B. 风筝面　　C. 腰棱面　　D. 上、下腰面　　E. 星小面

29. 进行钻石净度分级时，常用的工具或设备有（   ）。

A. 钻石分级灯　　B. 无水乙醇　　C. 标准比色石　　D.10× 放大镜　　E. 紫外荧光灯

30. 钻石分级所用的 10× 放大镜与普通放大镜相比具有下列哪些特点（   ）。

A. 由 3-4 个透镜组合而成　　B. 消除了色差　　C. 消除了像差
D. 观察视域较大　　E. 不是玻璃镜头

31. 用热导仪进行钻石真伪鉴别时，下列哪些材料会有钻石热导反应（   ）。

A. 合成立方氧化锆　　B. 合成碳化硅　　C. 合成钻石　　D. 贵金属材料　　E. 大块刚玉

32. 次生钻石矿中钻石能够富集，主要是由于钻石具有（   ）。

A. 极高硬度　　B. 较大比重　　C. 稳定物理、化学性质　　D. 较强的色散值　　E. 脆性较低

33. 天然产出的钻石晶体中，常见单形有（　　　　）。

A. 八面体　　B. 菱形十二面体　　C. 八面体＋菱形十二面体　　D. 五角三八面体　　E. 立方体

34. 钻石分为 I 型（Ia 和 Ib）和 II 型（IIa 和 IIb），下列哪些说法是正确的（　　　　）。

A. I 型钻石中含有杂质元素氮（N）

B. II 型钻石不含杂质元素氮（N），但都含有硼（B）

C. 天然的钻石绝大多数属于 Ib 型钻石

D. 天然蓝色钻石属于 IIb 型钻石，为半导体（导电）

E. IIa 型钻石颜色通常为晶体位错形成导致的

35. 天然钻石主要产自（　　　　）。

A. 钾镁煌斑岩岩筒中　　B. 河流或滨海的砂矿中　　C. 金伯利岩岩筒中

C. 花岗岩中　　E. 伟晶岩中

36. 钻石与石墨同样由碳元素组成，但它们的硬度差异等很大，这是由于（　　　　）。

A. 钻石含有氮（N）和硼（B）等元素

B. 钻石晶体结构中相邻碳原子间的距离比较小（与石墨相比）

C. 钻石具有面心立方体的晶体结构

D. 石墨的晶体结构为层状结构

E. 钻石晶体中碳原子以共价键联结

37. 钻石具有下列哪些物理力学性质特征（　　　　）。

A. 摩氏硬度为 10

B. 相对密度（比重）一般为 3.52

C. 均质体，有异常双折射现象

D. 具有 4 组完全解理，解理方向平行于八面体面

E. 钻石性脆，撞击易破裂

38. 天然钻石晶体除了单形外，常见的双晶有（　　　　）。

A. 接触双晶　　B. 三角薄片双晶　　C. 轮式双晶　　D. 穿插双晶　　E. 聚片双晶

39. Ia 型钻石的性质为（　　　　）。

A. 含杂质元素氮（N）　　B. 具有半导体特性　　C. 具有高导热性

D. 常带黄褐色调　　E. 晶体结构较完整

40. 天然钻石中常含有的微量元素有（　　　　）。

A. 氮（N）　　B. 硼（B）　　C. 氢（H）　　D. 铁（Fe）　　E. 铬（Cr）

41. 下列切工要素属于对称性偏差的有（　　　　）。

A. 腰围不圆　　B. 台面偏心　　C. 底尖偏心　　D. 波状腰　　E. 台面倾斜

42. 切工对称性中的骨状腰会导致下列哪些效应（　　　　）。

A. 单翻效应　　B. 领结效应　　C. 剔磨　　D. 刷磨　　E. 不规则腰

43. 下列不属于钻石导热性的有（　　　　）。

A. 热导仪检测钻石真伪　　B. 真伪鉴别中的呵气实验　　C. 手摸钻石感觉比较凉

D. 真空加热体积变化很小　　E. 托水试验，水滴圆度保持很好

44. 利用钻石切工镜从冠部观察，能有效进行下列哪些比率分级（　　　　）。

A. 台宽比　　B. 亭深比　　C. 腰厚比　D. 冠角　　E. 全深比

45. 下列情况中，主要利用光的全反射原理的有（　　　　）。

A. 激光打孔处理　　B. 钻石火彩　　C. 折射仪工作原理

D. 圆钻型琢型设计　　E. 钻石闪烁效应

46. 钻石重量计量时，下列哪些计量单位适用于我们的国家标准（　　　　）。

A. 克　　B. 克拉　　C. 格令　　D. 盎司　　E. 司马两

47. 标准圆钻型钻石亮度和火彩强弱与下列哪些因素有关（　　　　）。

A. 钻石色散值　　B. 钻石光泽　　C. 钻石切工比率　　D. 钻石表面抛光程度　　E. 钻石比重值

48. 钻石荧光强度等级分为（　　　　）。

A. 强　　B. 中　　C. 弱　　D. 无　　E. 惰性

49. 下列哪些仪器能够有效区分钻石和碳化硅（　　　　）。

A. 热导仪　　B. 3.32 比重液　　C. 10× 放大镜　　D. 折射仪　　E. 莫桑石仪

50. 标准圆钻型切工的钻石进行镶嵌时，常采用的镶嵌方法有（　　　　）。

A. 爪镶　　B. 迫镶　　C. 打孔镶　　D. 框角镶　　E. 包镶

3. 判断题

1. "钻石恒久远，一颗永流传"是 De Beers 下的钻石推广中心（DTC）推出的经典广告词。（　　　　）

2. 原生矿床经过次生风化、冲洗、搬运形成的沉积砂矿也是钻石的重要来源之一。（　　　　）

3. DTC 的看货商主要来自世界钻石四大切磨中心，每年 DTC 会在全球举行 12 次看货会。（　　　　）

4. 钻石最常见的荧光颜色为蓝色或蓝白色，少数呈黄色、橙、绿和粉红色，有些钻石还可以出现磷光现象。
（　　　　）

5. 影响钻石净度级别的主要因素是内部的各种包裹及开采加工中产生的各种裂隙、破损，一般外部特征对净度影响不大，可以不用考虑。（　　　　）

6. 《GB/T 16553-2010 钻石分级》国家标准中规定钻石的质量单位为克拉，有效值至少保留小数点后二位，第三位逢九进一。（　　　　）

7. 世界四大钻石切磨中心是比利时的安特卫普、印度的孟买、以色列的特拉维夫、美国的华盛顿。
（　　　　）

8. 改善净度中的裂隙充填处理钻石在灯光下从不同角度观察，往往会出现"闪光效应"。（　　　）

9. 早期改善颜色的 GE 处理钻石腰棱处刻有"GE-POL"的字样，现字印已经改为"Bellataire-Year-Serialnumber"。（　　　）

10. 钻石"4C"分级中的净度分级是一种定性描述的过程，而切工比率分级则是一种定量表示。（　　　）

11. 钻石净度分级过程时，经常会采用宝石显微镜进行分级，此时常采用的照明方式为亮域照明。（　　　）

12. 钻石颜色分级常采用的方法是目测比色法，但也可以利用全自动钻石比色仪进行颜色分级。（　　　）

13. 印度是最早发现钻石的国家，而世界钻石四大切磨中心之一就位于印度孟买。（　　　）

14. 钻石颜色分级要求的比色环境必须是白色、灰色或黑色系列中性色环境中进行，不能带有彩色色调。（　　　）

15. 钻石颜色分级时，定位同一色级的钻石，它们在视觉感官上应该是完全一致、没有任何差异的。（　　　）

16. 钻石仿制品中刚玉的检测，因其折射率值与折射油折射率值比较接近，难以判断时，可以利用偏光镜来辅助检测，确定其光性。（　　　）

17. 根据《GB/T 16553-2010 钻石分级》国家标准，镶嵌钻石颜色可以分为 6 个级别，其中只有 H 色级是单字母色级，其余的都是两个字母连续色级。（　　　）

18. 10× 放大镜下钻石与仿制品重点可以通过切工区分，主要集中在"面平、棱直、交点尖锐"几个方面，重影现象难以观察，可以不予考虑。（　　　）

19. 钻石紫外荧光灯下发光性具有不均一性，利用这个特征可快速有效区分群镶钻石首饰。（　　　）

20. HTHP 合成钻石主要是在高温高压环境下模拟钻石生长条件使钻石长大，因此在改善钻石颜色时，也可以利用高温高压条件来对钻石颜色进行处理。（　　　）

21. 带杂色调钻石比色时，采用透射光比色，即让光线透过"V"型比色槽一侧，形成散射光线，光线柔和，可以适当减弱杂色调的影响。（　　　）

22. 从净度级别 VS 级开始可以出现内凹原始晶面，即从 VS 开始净度分级只考虑内部特征，外部特征影响相对轻微，可以不予考虑。（　　　）

23. 锥状腰围特点是腰围边界切磨得与台面不垂直，发生一定角度倾斜，导致从正面观察，能看到腰围边界一定厚度的白边效应。（　　　）

24. 采用比率法测量钻石台宽比时，一般选取台面边界较正，没有偏离位置截取线条进行对比，这样对比的数据比较准确。（　　　）

25. 标准圆钻型切工的钻石可以利用钻石切工镜进行"八箭八心"观察，通常从钻石冠部观察"心"，从亭部观察"箭"。（　　　）

26. 钻石切磨成标准圆钻型切工主要是根据光的折射原理，使光通过钻石内部折射回台面，从而几乎没有损失，最大限度体现出钻石的亮度与火彩。（　　　）

27. 国际上通常把小于 20 分的钻石称为"melee"钻，又叫"小钻"，这类钻石一般不需要进行完整的"4C"分级。（　　　）

28. 钻石腰围经常保持粗磨状态，主要是为了保持钻石的重量最大化，所以经常可以在粗磨的钻石腰围上见到天然的原晶面。（　　　　）

29. 进行钻石净度分级时，如果肉眼从钻石冠部能观察到钻石内部特征，则该钻石净度级别定为 P 级，反之为则定为 SI 级。（　　　　）

30. 钻石净度特征中的胡须一般出现在腰围附近，主要是由解理造成，属于外部特征，一般用绿色笔进行标注。（　　　　）

31. "美神莱"是碳硅石的商业名称，又称莫依桑石，正规宝石学定名应该叫合成碳硅石。（　　　　）

32. 一颗带有很强蓝白色荧光的钻石，其颜色肉眼观察要明显偏白，与比色石对比，颜色色级会偏高，因此最终色级确定需要人为进行降级处理。（　　　　）

33. 观察净度最合理的顺序应该是台面——风筝面／星小面——腰部——亭部，这样才能确保观察的全面性，不遗漏任何部位。（　　　　）

34. 欧洲钻石分级体系中，颜色"Tinted Colour"表示微黄白色，相当于字母色级中 I——J 色。（　　　　）

35. 黑色钻石可能因为其为多晶集合体、大量黑色内含物（石墨等）和裂隙造成的。（　　　　）

36. 钻石颜色分级时如果采用上限比色石比色，被测钻石与其右边即色级较低的比色石属于同一色级。（　　　　）

37. 切工比率好的钻石通过特殊的工具可以看到"八箭八心"的现象，这种切工商业上称为"美神莱"切工。（　　　　）

38. 光的全内反射要求必须是光从光疏介质折射进入光密介质时才可以产生，并且入射角要小于临界角。（　　　　）

39. 岩浆岩、沉积岩、变质岩都是天然产出的，具有一定结构、构造的矿物集合体。（　　　　）

40. 磷光是指宝石在外界能量激发时发光，激发停止后仍能继续发光一定时间的现象。（　　　　）

41. 任何测量中都不可能避免误差的出现，而系统误差主要是指不可预测的、正负值可相互抵消的误差。（　　　　）

42. 结晶学中所谓的双晶是两个或两个以上的同种晶体按照一定的对称规律形成的规则连生。（　　　　）

43. 钻石仿制品中，与钻石折射率最为接近的仿制品应该是人造钛酸锶。（　　　　）

44. 钻石真伪鉴别中使用的线条试验，是指将样品台面向下放置在有线条的白色纸上，从亭部可以观察到线条的为钻石，观察不到线条则为仿制品。（　　　　）

45. 10× 放大条件下，钻石可见明显的重影现象，利用这点可以有效地将其与合成碳硅石区分开。（　　　　）

46. "俄罗斯钻"又称为"水钻"，是指产自俄罗斯乌拉尔山矿山中优质钻石，产量较大。（　　　　）

47. 根据钻石分级国家标准，经过各种方式处理的钻石不在"4C"分级考虑范围内。（　　　　）

48. "GE-POL"钻石是美国通用电气公司针对 I b 型进行的改色，其颜色可以由黄、褐色变成无色。（　　　　）

49. 10× 放大镜下，钻石内部特征一般小于 5um 就不可见，5um 以上的特征才考虑其对钻石净度级别的影响，这就是国际通用的"5um 规则"。（　　　　）

50. 具有异常双折射的宝石，在正交偏光镜下转动一周，会有规则的四明四暗消光现象。（　　　　）

51. 钻石是光性均质体，因此在正交偏光下不会发生有明暗变化的消光现象。（　　　　）

52. 世界名钻中的"希望钻石"是一颗蓝色钻石，因为其给不同的主人都带来恶运，因此又被称"恶运之钻"。（　　　　）

53. 我国钻石资源丰富，辽宁瓦房店、山东蒙阴、湖南沅水流域是我国目前最主要的钻石产区。（　　　　）

54. 澳大利亚钻石资源主要产自于金伯利岩（角砾云母橄榄岩）的火山岩筒中。（　　　　）

55. 珠宝首饰行业中规定，钻石首饰、贵金属材料称重时一般用克表示，保留小数点后两位，第三位逢九进一。（　　　　）

56. 根据国际通用的钻石重量计量法则，现一颗钻石称得重量为 0.2983ct，取小数点后两位则为 0.30ct。（　　　　）

57. 钻石的克拉重量，只能利用精密度较高的电子天平称量获取。（　　　　）

58. 钻石切磨中，常常需要将钻石进行分割时，通常是平行钻石的解理方向进行劈开。（　　　　）

59. 钻石切工分级中观察腰部打磨状态，一般可以细分为粗磨、抛光和磨成刻面三种情况。（　　　　）

60. 一套已标定荧光强度级别的标准圆钻型切工钻石样品，由4粒组成，依次代表强、中、弱、无。（　　　　）

二、钻石检验员职业技能鉴定实操模拟试题

1. 钻石真伪鉴别（30分，5题，每小题15分）

(1) 样品编号 _____

质量	（ct）	腰围直径	（mm）	
肉眼及 10× 放大镜观察结果			定 名	
仪器检测结果 （至少三种仪器检测）				

(2) 样品编号 _____

质量		（ct）	腰围直径		（mm）	
肉眼及 10× 放大镜观察结果					定名	
仪器检测结果 （至少三种仪器检测）						

2. 钻石裸石 4C 分级（50 分，2 题，每题 25 分）

(1)

样品编号		质量	（ct）
腰围直径	（mm）	荧光强度及颜色	
颜色级别		净度级别	
净度素描图			
切工评价			

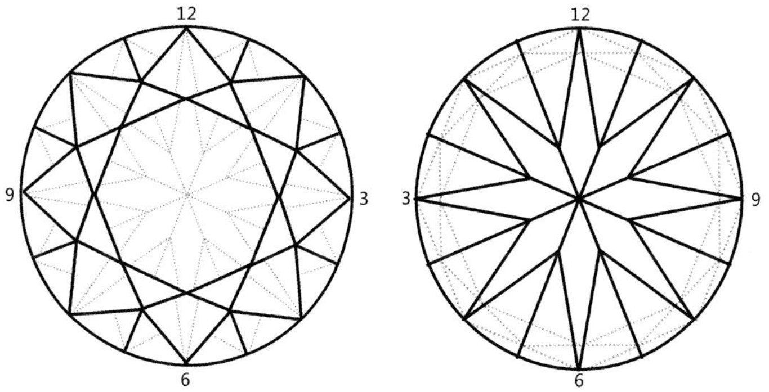

(2)

样品编号		质量	（ct）
腰围直径	（mm）	荧光强度及颜色	
颜色级别		净度级别	
净度素描图			
切工评价			

3. 钻石镶嵌首饰质量评价（20分，1题，每题20分）

样品编号		首饰全重	（g）
荧光强度及颜色		腰围直径	（mm）
颜色级别		净度级别	
修饰度评价			
镶嵌工艺评价			
镶嵌首饰定名			

参考文献

1. 丘志力，《宝石中的包裹体——宝石鉴定的关键》，冶金工业出版社，1995 年

2. 袁心强，《钻分级的原理与方法》，中国地质大学出版社，1998 年

3. 史恩赐，《国际钻石分级概论》，地质出版社，2001 年

4. 陈钟惠译，《钻石证书教程》，中国地质大学出版社，2001 年

5. 陈钟惠译，《钻石分级手册》，中国地质大学出版社，2001 年

6. 杨如增、廖宗廷，《首饰贵金属材料及工艺学》，同济大学出版社，2002 年

7. 丘志力等编著，《珠宝首饰系统评估导论》，中国地质大学出版社，2003 年

8. 王雅玫、张艳，《钻石宝石学》，地质出版社，2004 年

9. 何雪梅、沈才卿，《宝石人工合成技术》，化学工业出版社，2005 年

10. 张蓓莉，《系统宝石学》，地质出版社，2006 年

11. 国家质量监督检验检疫总局，《金伯利进程证书制度与毛坯钻石检验》，中国标准出版社，2006 年

12. 杜广鹏、陈征、奚波，《钻石及钻石分级》，中国地质大学出版社，2007 年

13. 质量技术监督行业技能鉴定指导中心组编，施健主编，《珠宝首饰检验与评估》，中国计量出版社，2009 年

14. 国家珠宝玉石质量监督检验中心，《中华人民共和国国家标准 GB/T 16554—2010 钻石分级标准》，中国标准出版社，2010 年

15. 王新民、唐左军、王颖编著，《钻石》，地质出版社，2012 年

16. 郭杰，《宝石学基础》，上海人民美术出版社，2016 年

后　记

在漫长的人类历史中,钻石因其自身稀少、珍贵、坚硬无比的特性,在不同的文化信仰、宗教神话、神奇传说中逐渐被认为是身份、权利、地位和成就的象征,是爱情、纯洁和忠贞等美好情感代表。

最早的钻石发现于公元前四世纪的印度,而后的时间中其社会文化价值逐步被认可,到目前为止,钻石已经成为了珠宝市场主流消费品。中国并没有大规模开采钻石的记录,因而钻石进入中国市场时间较晚,据资料记载大规模进入中国珠宝消费市场的时间可以追溯到 20 世纪末,而后在进入 21 世纪短短几十年间,钻石文化、钻石饰品已经被国内珠宝市场广泛认可,普通百姓已经成为消费主体,高档收藏投资也风头正盛。与之相对应的是国内消费者对钻石真伪、钻石品质了解更为迫切,而国内钻石从业者则应从专业角度解决消费者的后顾之忧,因此对国内钻石检验从业者的培训教育也是整个钻石行业的迫切需要。

本书基于宝石鉴定核心思路,结合实际钻石检验基本岗位流程编排内容,细分为"钻石真伪辨别"和"钻石 4C 分级"两个部分,是一本集肉眼观察、放大观察及仪器操作为一体的综合性、实用性钻石分级入门级基础培训教材。能够满足高等院校、高职高专、技工院校、珠宝教育培训机构及珠宝企业内部员工培训学习钻石分级的需要,也能拓展学习者珠宝检测视野和思路。本教材的编写着重突出鉴别、分级思路和操作要点。图文并茂、简明扼要,融学科专业能力培养、学科专业素质提升、学科思维打造于一体,是一本实用性极强,参考价值极高的专业教材。

本教材的编写始终得到了同济大学亓利剑教授、深圳技师学院珠宝首饰系李勋贵主任、深圳市飞博尔珠宝科技有限公司徐思海先生的支持,感谢深圳市丰泽龙泰发展有限公司提供部分典型样品进行专业图片拍摄。此外,教材编写还得到了珠宝行业众多朋友、专家的支持和帮助,特别感谢上海人民美术出版社张旻蕾编辑、设计排版人员于归对教材稿件审核与编排,最后对支持本教材出版和发行的所有同仁,在此表示诚挚的感谢。

笔者在标本搜集,文字描述,图片特征拍摄过程中都秉承专业和直观易懂的原则,但书中定有疏漏和不妥之处,敬请有关专家、学者及其广大读者不吝赐教,以便进一步改进和提高。

笔者　2017 年 7 月于深圳